須崎博士の毛小孩防癌飲食指南
狗狗這樣吃，癌細胞消失！

目錄

基本抗癌營養素&食譜

chapter
3 針對不同癌症的抗癌食譜

狗狗的
癌症飲食

Dr.須崎 **諮詢時間**

Q&A

作者序

飲食調理可以治療所有癌症嗎？

如果有人問：「改善飲食就能治癒癌症嗎？」
我的答案是：「不一定。」

罹癌會經歷哪些過程？

形成癌、腫瘤的過程，會經歷「遺傳基因受損→來不及修復→形成罹癌遺傳基因→產生腫瘤細胞→白血球的防禦處理趕不上癌細胞增生的速度→腫瘤組織化」等流程。至於這一連串的過程，原因是出在飲食或是其他因素，目前不得而知。

癌細胞會瞬間形成，也會在當下立刻被清除

不過，請記住一件事：人體每30秒會形成1～2個腫瘤細胞，按照這種速度計算，每天會形成3000～6000個腫瘤細胞（很驚人吧！），但是通常都會被體內的防禦機制加以清除。由此可知，會長出腫瘤細胞是很普通的事，攻擊處理腫瘤細胞也是身體日常的工作，消滅癌細胞並不是什麼奇

蹟。因此，當醫生表示有腫瘤細胞時，完全不需大驚小怪。而且，即使腫瘤組織自然消滅，也不是什麼不可思議的事。

飲食為什麼如此重要？

和腫瘤細胞進行戰鬥的，是體內白血球所組成的攻擊系統，支持這個系統的就是從飲食中攝取的成分。

一直以來，我們的飲食都有添加物、水分攝取不足等問題，這也是「形成遺傳基因受損」的原因之一，從改變飲食做起確實有可能防止遺傳基因再遭受破壞。由此可知，不論正常健康的飲食對治療癌症有無直接影響，都值得努力執行看看。

注意要攝取好的食物

飲食確實有其療效，但是飲食療法的目標在於「彌補不足、恢復正常」，而不是讓身體變成超越正常機能的特別狀態。

當體內的異物過多時，身體機能便無法完全處理，最後大家就會把焦

點放在額外的營養攝取上。但事實上,在平日的飲食裡攝取充足的水分、將體內殘留的毒素排出體外,這才是最重要的。

即使被宣告只剩幾個月的壽命,也不要放棄

當狗狗被醫生宣告只剩幾個月的壽命時,有些心情沮喪的飼主在網路上蒐集資料後,會陷入更加悲傷的惡性循環中。即使用盡各種方法(外科手術、抗癌藥物、放射線治療)為牠們清除長出來的腫瘤組織,也還要面對復發等不少無法處理的狀況。可是,如果能針對造成遺傳基因受損的原因對症下藥,也就是「減少對遺傳基因的傷害→細胞來得及修復→減少罹癌遺傳基因的形成→形成腫瘤細胞的量減少→白血球的攻擊與清除能趕上進度→腫瘤組織變小」,在醫學上也並非不可能的事。

讓身體運作正常化的程序

透過改變飲食來啟動正常化的開關,殘留在體內的異物就會順利排出,這時可能會出現暫時性的、更強烈的排毒反應,但不用擔心,這是很正常的現象。其中,也曾經出現過腫瘤一度長大後再縮小的案例,流程大

致上會是「白血球戰鬥→發炎反應轉強→腫大→白血球進一步處理→腫瘤細胞減少→腫瘤組織縮小」。

▌「癌症復發」是什麼？

　　即使透過手術去除腫瘤組織，或是使用藥物讓腫瘤縮小，只要根本原因還在，同樣的狀況還是會發生，這就是「癌症復發」。如果只是去除了「癌細胞」，卻沒找到或改善形成「癌」的原因，同樣的症狀有可能會再次發生。有能力去除根本原因的，是身體的免疫系統，而提供免疫系統正常運作的物資，還是要靠飲食。

　　也許有人會想：「光是改變飲食，怎麼可能改善癌症？」但飲食造就了身體，而癌症是生活習慣病，我們不能忽視日常飲食的抗癌效果，以「供給身體戰鬥的物資，避開會造成阻礙之物」的想法去執行吧！

You are what you eat. 人如其食。

獸醫師・獸醫學博士
須崎動物醫院院長

須崎恭彥

營養美味的食物，
是毛小孩最好的藥方！

Chapter 1

幫狗狗親手製作
防癌餐的基本知識

日本權威獸醫須崎博士專為毛小孩設計，
預防罹癌、防止腫瘤擴大、調理虛弱體質都有效！

擊退癌細胞！
狗狗的元氣防癌餐

立刻改變「容易產生癌細胞」的飲食習慣！

經常聽到「只要讓狗狗吃○○，就能治療癌症」的傳聞，但就我的診療經驗來說，那只是很少數的特殊案例，或是只適用在那隻狗狗身上罷了。當然，飲食很重要，但只要明白「罹癌原因」，就知道「癌症並沒有特效藥」。

除了飲食，適度運動（例如散步）和睡眠（身心調整）等等，在提高免疫力方面也很重要。本書將針對飲食的部分作更深入的探討。

 Dr. 須崎 提高愛犬免疫力的3大原則

1 食物 身體是由吃進去的東西為基礎打造而成的。

2 運動 適度的運動可改善血液與淋巴的循環。

3 睡眠 有助於身心排毒以及解除壓力。

維持身體溫暖，促進血液循環

身體抵抗疾病的能力與白血球息息相關，而想讓白血球產生充分的作用，促進血液循環非常重要。因此，要盡量保持狗狗身體的溫暖。食材可採用根莖類、紅肉、大豆製品等優質蛋白質，飯食則要加熱到約人類皮膚溫度後再餵食。

利用可強化腸道黏膜的食品，讓腸內細菌正常運作

要提高腸道黏膜的免疫力，所攝取的營養素、以及讓腸內細菌運作正常化很重要。重點在於要大量攝取可製造維生素A、含有豐富β-胡蘿蔔素的膳食纖維。推薦多食用優格和納豆等發酵食品。

多從植物中攝取強力抗氧化成分「植物生化素」

形成腫瘤細胞的原因是遺傳基因受損，而遺傳基因受損的主因之一就是活性氧。想讓活性氧無毒化，「植物生化素」扮演了相當重要的角色。

愛犬抗癌餐
基本食材組合比例

提供抗氧化力 　蔬菜・海藻・豆類 　佔總量的 **2成**

+

供應熱量 　穀類・根莖類 　佔總量的 **2成**

+

維持身體功能 　大豆製品 　佔總量的 **2成**

+

維持身體功能 　肉・魚貝・蛋・乳製品 　佔總量的 **3成**

+

促進食慾 　調味料・熬湯食材

總量的 **2成**　　總量的 **2成**　　總量的 **2成**　　總量的 **3成**　　**+適量**

Dr. 須崎 愛犬照護重點

Point 1　利用巧思誘發食慾

飲食的基本是「適當地調節各種食材，增加口感與美味」。當愛犬對食物的好惡分明時，解決的方法就和對付小孩子挑食一樣，在食材裡摻入牠們喜歡的肉或魚混勻後餵食，就可避免狗狗挑掉不愛吃的蔬菜類。

Point 2　餵食次數

就像我們人類也有身體不舒服而食慾不佳的情形，自然界的動物在身體不適時也會不想吃東西。或許這是因為想把熱量花在對抗疾病，而不是用在消化吸收上的緣故。基本上，至少要讓狗狗進食到八分飽的程度。如果是成犬，一天1～2餐就很足夠。若體型偏瘦，可以多加一些肉類和穀類，以增加熱量攝取。

\1餐/

\2餐/

或

Point 3　餵食量

動物中也有「小鳥胃」或「大胃王」，身為主人只能視其體型調節餵食量。但是在罹患癌症、腫瘤時，因為要和癌症對抗，為避免身體在消化吸收上花費太多力氣，餵食時請以「少量」為基本。然而，在持續消瘦的情況下，建議可增加肉或魚等食材的餵食量。

\少量/

狗狗喜歡的高蛋白食材

鮪魚紅肉

食用方法

鮪魚的紅肉部位是蛋白質含量較高的動物性食材之一，一般而言，其香氣多能誘發狗狗的食慾，無論生食或炙燒後再餵食都很受歡迎。

雞肉

食用方法

讓愛犬吃雞肉不只能使用雞胸肉，腿肉也無妨。只要確認來源是衛生安全的食材，不論是生吃或燒烤，狗狗都會很捧場的。

豬肉

食用方法

有「活力維生素」之稱的維生素B$_1$，在豬肉中含量相當豐富，為了維持愛犬抗癌的戰鬥力，建議將它列入經常使用的食材清單裡。

羊肉・馬肉

食用方法

有些狗狗會因為這些肉類特殊的香氣、口感和味道而情有獨鍾，不過並不是非吃不可的食材，把它們當作選擇之一就可以了。

鮭魚

食用方法

鮭魚所含的蝦青素是優良的抗氧化物質，經常食用可抵禦活性氧，以對抗腫瘤生成，也可避免對遺傳基因造成損傷。

青魚

食用方法

青魚含有的OMEGA-3脂肪酸（EPA、DHA）等營養，據醫學研究有抑制腫瘤細胞增殖的效果，是非常建議的食材。

雞蛋

食用方法

雖然坊間流傳著「蛋白是NG食材」的訊息，但這是錯誤的觀念！一般經過加熱後即可給狗狗食用，請放心餵食。

地瓜

食用方法

具有甜味，可當作飯量減少時的熱量來源，請於蒸熟後代替「米飯」餵食。也可以和牛奶混在一起，拌成糊狀後更容易吞嚥。

Dr.須崎 飲食建議

欠缺食慾時，餵食人類的食物也OK喔！

　　狗狗不想吃東西時，可能是因為噁心想吐等緣故，這時建議主人不要勉強餵食，讓消化器官休息一下會比較好。可是，當狀況持續下去，也會發生體重下降太多、體力降低到無法發揮自我治癒能力的可能。此時，可以用人類的食物來刺激狗狗的食慾。對於給狗狗吃的食物，有些人或許會特別控制鹽的用量，但只要利用食物裡的湯汁補充水分，在濃度1.5%以下的範圍內，愛犬的身體都能以正常方式處理鹽分，不必過於擔心。

發生吞嚥困難時
有助於咀嚼&吞食的方法

狗狗進食困難，調整食材的小祕訣

硬度	平常可利用繩子或玩具等工具訓練咀嚼能力，先以進食時能順利吞嚥為目標。另一方面，也要把食物的硬度調整到軟一點。	**凝聚性**	食物是否為容易聚合在一起的型態，也會影響吞嚥的難易度。建議使用人類在醫療照護方面常用到的「食品凝固粉」。
附著性	會黏呼呼地沾在口腔裡的食物是難以吞嚥的，也會造成口腔內細菌增殖，請避免吃這類食物。另外，食物盡量切成小塊也有助於維持口腔乾淨。	**離水性**	水、果汁、湯汁等液體物質都不容易吞嚥，因此最好做成和水分混在一起的糊狀食材，也可以把飲料做成像是凍飲的形式。

人類常用的輔助照護食品

攪拌機
選擇可以少量製作的機型即可。

食品凝固粉
食物放入攪拌機攪拌後，質地會軟滑、具有黏性，建議加入適量食品凝固粉調整口感，讓食物更容易吞嚥。

食譜示範 南瓜泥

❶ 將燉煮過的南瓜50g放進攪拌機裡，再加入熱水50cc後開始攪拌。

❷ 加入1/2包食品凝固粉到❶中，再次攪拌至稍微固化。

❸ 製作好的成品會變成慕斯狀，不需再添加任何調味，就能直接讓狗狗食用。

研磨

像蓮藕、馬鈴薯等質地較硬的根莖類食物，可以先經過研磨處理，再放入雜燴粥裡熬煮，就會變得容易吞嚥。

搗碎

根莖類、豆類食品經加熱處理後，趁熱將食材搗碎再勾芡也很理想。就算沒有攪拌機，也可以用叉子背面壓碎。

炊蒸

切成片狀的魚肉類，用蒸的方式取代炒或烤，會讓肉質較柔軟，再淋入醬汁調理後就更容易進食了。

燉煮

即使是肉類，只要將它燉煮到不需咀嚼也能安心進食的程度，一樣可以讓狗狗吃。可以使用壓力鍋來縮短料理時間。

勾芡

加入山藥泥或蛋拌勻後再餵食，就能幫助狗狗順利吞嚥。

攪拌

用美乃滋或蛋等具有黏稠特性的調味料加入攪拌，即可輕鬆增加稠度，幫助進食。

淋醬

多了一道在食材淋上醬汁的步驟，食物就不容易在口中散開，更易於吞食。

比市售飼料營養、好吃又健康

最愛吃主人親手為我做的料理～

| Chapter 2

專為狗狗設計！
抗 癌 食 材 全圖解

人類的食材就可用，一整年都買得到！
圖文詳列70種選擇與有效吃法，準備起來毫不費力。

抗癌食材 蔬菜・海藻・豆類

小松菜

有效的抗癌成分

β-胡蘿蔔素

建議料理方法

抗氧化物質β-胡蘿蔔素具有易溶於油脂、不易溶於水的性質，因此以熱炒青菜的烹調方式最適合。

高麗菜

有效的抗癌成分

葡萄糖異硫氰酸鹽

建議料理方法

經過加熱後會降低營養成分，但為了能讓狗兒多吃一點，也可以運用各種調理方法取代生食。

萵苣

有效的抗癌成分

膳食纖維

建議料理方法

膳食纖維具耐熱特質，因此不論是哪種烹調方法，也不會改變它促進通便與增生腸道益菌的功能。

青花菜

有效的抗癌成分

蘿蔔硫素

建議料理方法

雖然屬於可耐高溫的蔬菜，但請不要長時間加熱，稍微烹煮、加熱到容易進食的程度即可。

芽菜

有效的抗癌成分

蘿蔔硫素

建議料理方法

異硫氰酸鹽的好朋友－蘿蔔硫素，雖然可耐高溫加熱，但建議還是盡量生食或是稍微烹調即可。

番茄

有效的抗癌成分

茄紅素

建議料理方法

茄紅素比較耐高溫，即使加熱也無損其營養效果，因此可以多運用在燉煮的料理中。

南瓜

有效的抗癌成分

β-胡蘿蔔素

建議料理方法

燉、蒸或做成湯品皆可，可運用的範圍很廣。特別是和油脂搭配時可提高吸收率，因此也可以用來拌炒。

紅蘿蔔

有效的抗癌成分

β-胡蘿蔔素

建議料理方法

所含的β-胡蘿蔔素，其吸收率在生食時為8%，水煮為20～30%，用油烹煮則會提高到60～70%。

牛蒡

有效的抗癌成分

川木香內酯

建議料理方法

從牛蒡的「汁液」中攝取最有效。

蓮藕

有效的抗癌成分

黏液素

建議料理方法

請勿長時間烹煮，快速加熱後即可食用，以免營養成分流失。

原木香菇

有效的抗癌成分

維生素D

建議料理方法

以陽光曬乾的香菇才含有豐富的維生素D，用機器乾燥的成品則不具備。

舞菇

有效的抗癌成分

β-葡聚醣

建議料理方法

即使切碎、燉煮後食用，也能攝取到充分的營養。

白蘿蔔（葉、根）

有效的抗癌成分

異硫氰酸酯

建議料理方法

用白蘿蔔根部磨碎成蘿蔔泥再食用，可獲得最多異硫氰酸酯物質。

蕪菁（葉、根）

有效的抗癌成分

吲哚

建議料理方法

將根部和葉片一起加熱至變軟後再食用即可。

黑豆

有效的抗癌成分

花青素

建議料理方法

以小火煮到5分熟，取燉煮的湯汁入菜是最佳方式。

毛豆

有效的抗癌成分

維生素E

建議料理方法

和人類的吃法一樣，煮到變軟後再混入餐點食用。

四季豆

有效的抗癌成分

膳食纖維

建議料理方法

同樣必須經過加熱，使其質地變得較柔軟後再加進餐點裡食用。

豌豆

有效的抗癌成分

維生素C

建議料理方法

以熱水汆燙後，再混入狗狗的餐點裡餵食。

羊栖菜

有效的抗癌成分

膳食纖維

建議料理方法

先加水浸泡使其恢復柔軟原狀後，待煮飯時再放入一起烹煮即可。

昆布

有效的抗癌成分

褐藻素

建議料理方法

稍微泡軟後切碎，經過燉煮後連湯汁一起餵食。

抗癌食材 穀類・根莖類

糙米

有效的抗癌成分
硒、維生素E

建議料理方法

煮法和一般白米相同，放進飯鍋裡炊煮至熟後即可餵食。

雜糧

有效的抗癌成分
維生素B群

建議料理方法

加入飯等米食混合均勻，放進飯鍋裡炊煮至熟後即可餵食。

蕎麥

有效的抗癌成分
蘆丁

建議料理方法

可直接取代米飯食用，煮熟後再餵食即可。

全麥粉

有效的抗癌成分
膳食纖維

建議料理方法

可活用於穀類食物，將全麥粉混入麵包或餅乾麵糰中，經烘烤後即可食用。

地瓜

有效的抗癌成分
神經節苷脂

建議料理方法

具有抑制癌細胞增殖的作用，和β-胡蘿蔔素等抗氧化維生素搭配會更有效。

馬鈴薯

有效的抗癌成分
綠原酸

建議料理方法

綠原酸可預防細胞發生突變，在表皮部分的含量特別多。

山藥

有效的抗癌成分
黏液素

建議料理方法

將山藥研磨成泥狀，或直接切成薄長片後食用。

玉米

有效的抗癌成分
甜味

建議料理方法

其特有的甜味能促進食慾，平常可以多準備一些玉米罐頭備用。

抗癌食材 大豆製品

豆腐

有效的抗癌成分
大豆異黃酮

建議料理方法

可以直接食用，也可以用來烹煮或拌炒的食材。

納豆

有效的抗癌成分
納豆激酶

建議料理方法

攪拌均勻後，混入平日餐點裡一起餵食。

抗癌食材 肉・蛋・魚類

雞肉
有效的抗癌成分
蛋白質
建議料理方法
為了確保食物衛生安全，基本上加熱煮熟最好，但如果品質來源可靠，也可以讓狗狗生食。

豬肉
有效的抗癌成分
維生素B₁
建議料理方法
豬肉請務必加熱煮熟後再餵食。

羊肉・馬肉
有效的抗癌成分
維生素B群
建議料理方法
為了確保食物衛生安全，基本上加熱煮熟最好，但如果品質來源可靠，也可以讓狗狗生食。

雞蛋
有效的抗癌成分
蛋白質
建議料理方法
可生食，或做成水煮蛋後再切碎，也可做成炒蛋。

青魚
有效的抗癌成分
EPA、DHA
建議料理方法
無論是燒烤、生魚片或烹煮皆可，依狗狗的喜好料理即可。

白肉魚
有效的抗癌成分
蛋白質
建議料理方法
燒烤、生魚片或烹煮皆可，請以狗狗喜好的狀態餵食。

鮭魚
有效的抗癌成分
蝦青素
建議料理方法
最好選擇未經加鹽調味的生鮭魚，烤熟後拌入飯食裡即可。

貝類
有效的抗癌成分
牛磺酸
建議料理方法
調理方式和人類的食用方式一樣，汆燙後請連同湯汁一起餵食。

抗癌食材 乳製品

起司
有效的抗癌成分
蛋白質
建議料理方法
可拌入飯食裡，也可當作點心餵食。

優格
有效的抗癌成分
乳酸菌
建議料理方法
當成點心餵食即可，有助於調整腸道環境、提昇免疫力。

抗癌食材 水果

蘋果

有效的抗癌成分

果膠

建議料理方法

切片或磨碎食用皆可，豐富的膳食纖維能增加狗狗腸道內的乳酸，維護腸道健康。

柑橘類

有效的抗癌成分

維生素C

建議料理方法

不需加熱，只要在烤好的魚或肉上面，添加一點新鮮的果肉或果汁即可。

莓果類

有效的抗癌成分

花青素

建議料理方法

即使無法買到新鮮莓果、只能取得冷凍品時，一樣可以攝取到營養素。

西瓜

有效的抗癌成分

茄紅素

建議料理方法

茄紅素具有強大的抗氧化作用，但請不要一次餵食過多。

梨子

有效的抗癌成分

水分

建議料理方法

當缺乏食慾、連水也不想喝時，將梨子磨碎成泥狀再餵食，愛犬就會順從地吞下。

哈密瓜

有效的抗癌成分

β-胡蘿蔔素

建議料理方法

果肉呈橙色的紅肉哈密瓜，含有豐富的 β-胡蘿蔔素，可有效在體內轉換成維生素A。

枇杷

有效的抗癌成分

β-胡蘿蔔素

建議料理方法

選購完全成熟的果實，仔細去皮後直接當成點心餵食即可。

香蕉

有效的抗癌成分

醣類、維生素B群

建議料理方法

含有豐富醣類，也含有將醣類轉換成熱量時所需要的豐富維生素B群，因此是食慾不佳時用來補充營養的便利食材。

抗癌食材 熬湯食材・調味料

柴魚片

建議料理方法

能夠有效提高食慾，一般只用來熬煮湯汁，也可以直接加在餐點上餵食。

小魚乾

建議料理方法

不用過於擔心鹽分問題，市售產品中有減鹽和無鹽的品項可供選擇。

雞肉

建議料理方法

於燒烤後鋪在菜餚上，或是和其他材料一起烹煮，會釋放出美味湯汁。

干貝

建議料理方法

干貝既美味，也很容易保存，非常推薦。用來熬煮湯底，特別鮮甜營養。

蝦米

建議料理方法

在營養上含有豐富的蝦青素，也很推薦當成湯頭，香味很受狗狗們喜愛。

昆布

建議料理方法

具有天然的好味道，又可攝取到抗癌營養素－褐藻素，非常適合用來熬湯。

乾香菇

建議料理方法

含有豐富的維生素D，是值得推薦的食材。

油豆腐

建議料理方法

加入像雜燴粥之類的料理中可增加適度油脂，為菜餚加分，也能刺激食慾。

芝麻油

建議料理方法

在拌炒其他食材時使用，其獨特的香氣有時也能促進食慾。

橄欖油

建議料理方法

用來烹煮料理的萬能調理油，雖然偶爾會遇到不捧場的狗狗，但大多數都會毫無抗拒地進食。

味噌

建議料理方法

可用來提振食慾，或許有人會在意鹽的問題，但根據報告指出，鹽分濃度在1.5%以下都是安全的。

醬油

建議料理方法

和味噌一樣，可用來提升食慾，只要鹽分濃度控制在1.5%以下，都可適量餵食狗狗。

一整年都容易取得！

天天都能吃的常備抗癌食材

常備食材	富含的抗癌營養素
紅蘿蔔	胡蘿蔔素類、茄紅素
高麗菜	硫化物、維生素C、維生素U
南瓜	胡蘿蔔素類、維生素C、維生素E
菇類	β-葡聚醣、維生素D
海藻類	岩藻黃質、褐藻素、海藻酸
糙米	維生素B群、植酸
大豆製品	大豆異黃酮、皂素、萜

請讓狗狗積極攝取深色食物

當然，只靠飲食無法完全解決癌症帶來的所有問題。但是，當異物持續入侵到超出身體的處理能力、體內又必須為驅逐致癌物質而產生活性氧時，人體就無法解決形成腫瘤的根本原因 ──「遺傳基因受損」。此時，建議最好多攝取抗氧化食材，以及避免攝取會對肝臟造成負擔的食物。深色食物含有大量抗氧化成分，如α-胡蘿蔔素、β-胡蘿蔔素等物質，菇類和海藻類則含有許多可提高免疫力的成分，例如β-葡聚醣。因此，我建議讓狗狗多攝取深色食物。

戰勝癌症！ 防癌餐基本食材組合

水果

草莓、藍莓、香蕉、奇異果、柑橘類、西瓜、柿子、梨子、哈密瓜、枇杷、芒果、木瓜

蔬菜・海藻・豆類

明日葉、小松菜、青江菜、高麗菜、萵苣、花椰菜、青花菜、青椒、甜椒、秋葵、番茄、茄子、小黃瓜、菇類、南瓜、蕪菁、蘿蔔、牛蒡、紅蘿蔔、蓮藕、昆布、羊栖菜、海帶芽、黑豆、紅豆、四季豆

調味料

味噌、醬油、橄欖油、芝麻油

熬湯食材

柴魚片、昆布、小魚乾、蝦米、干貝、雞肉

穀類・根莖類

白米、糙米、雜糧、蕎麥、地瓜

肉・魚貝・蛋・乳製品

肉類（雞、豬、馬、羊）、蛋、鮭魚、青魚（竹筴魚、沙丁魚、鯖魚、秋刀魚）、白肉魚（鰈魚、鱈魚、鯛魚）、紅肉魚（鮪魚、鰹魚）、貝類（蜆、蛤蜊、牡蠣）、乳製品（優格、起司）

大豆製品

豆腐、凍豆腐、豆漿、腐皮、油豆腐、納豆

Dr.須崎 飲食建議

請參照這張表格，加上自身的餵食經驗找出適合狗狗的食材。肉和魚類務必確實餵食，以免狗狗過於瘦弱，失去抗癌的戰鬥力。

抗癌重點

鮭魚含有大量的抗氧化物質—蝦青素，即使經過加熱也不會流失，因此可和其他食材連同湯汁一起攝取。

黃色部分＝抗癌營養素

鮭魚紙包燒

材　料	抗癌營養素
生鮭魚（1片）…60g	（蝦青素、EPA、DHA）
白飯（已煮熟）…50g	（醣類、維生素B₁、維生素B₂）
鴻禧菇…15g	（β-葡聚醣、維生素D）
高麗菜…1/4片	（異硫氰酸酯、維生素C、U）
牛蒡…10g	（菊糖、過氧化物、綠原酸、木香烴內酯）
蘿蔔…15g	（過氧化物、硫配醣體、澱粉酶、異硫氰酸酯）
青花菜…15g	（維生素C、異硫氰酸酯、固醇、吲哚）
油豆腐…1小片	（大豆異黃酮、卵磷脂）
味噌…1小匙	（穀氨酸、維生素B、E、膽鹼、卵磷脂、鉬、鈉）

作　法

❶ 烤盤紙裁成30cm長，放在烤盤上備用。

❷ 鮭魚及所有蔬菜食材切成狗狗容易吞嚥的大小。

❸ 將步驟❷的食材和煮熟的白米飯放在烤盤紙上，淋上溶於水中的味噌，將烤盤紙封好。

❹ 放進烤箱，以200度烤15分鐘。

也可以用調理機攪拌均勻喔！

黑醋炒雞肉凍豆腐

材　料	抗癌營養素
雞肉…60g	（維生素A、維生素B₆、菸鹼酸、油酸、肌肽）
地瓜…30g	（花青素、維生素C、β-胡蘿蔔素、神經節苷脂）
凍豆腐…1個	（亞油酸、維生素E、大豆皂素）
羊栖菜…5g	（褐藻糖膠、鉀、海藻酸、膳食纖維）
甜椒…1/6個	（維生素C、β-胡蘿蔔素、辣椒素）
南瓜…20g	（β-胡蘿蔔素、維生素B₁、B₂、C、E、多酚）
黑醋…1小匙	（酪氨酸、色氨酸）
芝麻油…適量	（油酸、亞油酸、芝麻木酚素、芝麻素）

作　法

❶ 除調味料以外的食材全部切成狗狗容易吞嚥的大小。

❷ 芝麻油倒入平底鍋加熱，放入步驟❶的食材拌炒至熟軟。

❸ 起鍋前淋上黑醋即完成。

抗癌重點

雞肉和凍豆腐是補充蛋白質的良好來源，如果狗狗不喜歡黑醋口味，可省略不用。這道料理還可以另外添加深色蔬菜，抗癌效果更佳。

也可以用調理機攪拌均勻喔！

※以上分量均以重量10kg之狗狗的一餐進食量而制定。

也可以用調理機攪拌均勻喔！

抗癌重點

魚種可以依季節變換，也可用肉類替代。請多用色彩鮮豔的蔬菜搭配，讓食物更添美味。

秋刀魚蔬菜燴飯

材　料	抗癌營養素
秋刀魚…1/2條	（EPA、DHA、鈣、維生素B₁₂）
糙米（已煮熟）…50g	（維生素B₁、維生素E、亞油酸、植酸）
香菇…1朵	（β-葡聚醣、維生素D）
昆布…5g	（褐藻糖膠、鉀、海藻酸）
青椒…1/2個	（β-胡蘿蔔素、維生素C、辣椒素、蘆丁）
番茄…1/6個	（茄紅素、β-胡蘿蔔素、α亞麻酸）
紅蘿蔔…10g	（茄紅素、β-胡蘿蔔素、鉀、維生素C）
蓮藕…10g	（單寧酸、黏液素、維生素C）
無鹽茅屋起司…10g	（維生素A、維生素B₂、乳酸菌）
豆漿…20cc	（維生素B₂、亞油酸、大豆異黃酮）
橄欖油…適量	（維生素E、油酸）

作　法

❶ 昆布加水浸泡至軟化備用。

❷ 秋刀魚烤熟後，去骨去刺，剝下魚肉備用。

❸ 將泡軟的昆布和其他蔬菜切成狗狗容易吞嚥的大小。

❹ 橄欖油倒入平底鍋加熱，放入魚肉及所有蔬菜拌炒。

❺ 將煮好的糙米飯、豆漿加入燜煮一下後盛入碗中，鋪上無鹽茅屋起司即完成。

狗狗食慾不佳時的
高熱量料理

用調理機拌勻，狗狗會更容易進食！

抗癌重點
當愛犬沒有食慾時，應將飲食重點放在「甜味→能量→脂肪→熱量、蛋白質→維持肌肉」此順序來供應食物。

豬五花肉燜炒南瓜

材　料	抗癌營養素
豬五花肉…60g	（維生素B₁、B₂、維生素E、菸鹼酸）
南瓜…20g	（β-胡蘿蔔素、維生素B₁、B₂、C、E、多酚、神經節苷脂）
地瓜…20g	（維生素C、神經節苷脂、膳食纖維、多酚）
蕪菁…20g	（硫化物）
油豆腐…15g	（大豆異黃酮）
橄欖油…適量	（油酸、維生素E）
水…適量	

作　法
❶ 將所有食材切成狗狗容易吞嚥的大小。

❷ 橄欖油倒入平底鍋加熱，放入切好的所有食材拌炒。

❸ 加入適量的水後加上蓋子，燜煮至食材全部熟透即可。

※以上分量均以重量10kg之狗狗的一餐進食量而制定。

狗狗失去咀嚼能力時的
易咀嚼&易吞嚥料理

用調理機拌勻，狗狗會更容易進食！

抗癌重點

為避免狗狗因吞嚥困難而導致肺炎，請善用容易咀嚼的食材，關於這點不妨請救常為愛犬看診的醫生。

山藥泥湯飯

材 料	抗癌營養素
┌ 海蘊（褐藻）…10g	（褐藻糖膠）
│ 青花菜…10g	（β-胡蘿蔔素、葉黃素、鞣花酸、蘿蔔硫素）
A 紅蘿蔔…10g	（β-胡蘿蔔素、鉀、茄紅素）
│ 白蘿蔔…20g	（維生素C、過氧化物、葡糖異硫氰酸鹽、澱粉酶、異硫氰酸酯）
└ 生鮭魚…1片	（蝦青素、EPA、DHA）
山藥…40g	（黏液素）
豆腐…40g	（皂素、大豆異黃酮）
蛋…1個	（唾液酸、卵磷脂、維生素A、B_2、B_{12}）
高湯…1杯	
大蒜…少量	（硒、硫化物、大蒜素）

作 法

❶ 將A食材全部切成狗狗容易吞嚥的大小。

❷ 鮭魚烤熟後去骨、剝下魚肉；大蒜去皮，磨泥備用。

❸ 山藥磨成泥狀，與蛋及豆腐均放入碗裡混合均勻。

❹ 平底鍋放入高湯、蒜泥及切好的A食材燜煮至熟透，加入鮭魚及步驟❸的食材之後，再煮一下即可盛起。

讓狗狗吃對食物、
擁有健全的免疫機能，
就能殺死體內的癌細胞！

| Chapter 3

針對不同癌症的
抗癌食譜

詳解13種癌症的初期症狀、建議飲食與照護方式，
幫助你陪伴生病的狗狗一起愉快生活，不再手足無措！

皮膚癌・鱗狀上皮細胞癌 肥大細胞腫瘤

Dr. 須崎建議

皮膚形成的癌與腫瘤，有的原因出在皮膚本身，有的則是其他因素導致影響到皮膚。臨床上大多會以切除組織為治療方法，但找出致癌原因並加以消除、預防復發，才是重點。

建議多吃的食材	富含的抗癌營養素
南瓜	β-胡蘿蔔素、維生素C、維生素E、葉黃素、苯酚、硒
海藻類	β-胡蘿蔔素、岩藻黃質、褐藻糖膠、海藻酸、維生素B_1及B_2
大蒜	二烯丙基二硫、大蒜素、萜烯、硒
貝類	牛磺酸
納豆	蛋白質、維生素B_2、維生素B_6、維生素E、納豆激酶
糙米、發芽糙米、胚芽米	木脂素、維生素B_1、維生素E、植酸

對皮膚癌・鱗狀上皮細胞癌・肥大細胞腫瘤有效的食材

水果
蘋果、哈蜜瓜、莓果類（草莓、藍莓）、香蕉、酪梨、西瓜、柿子、梨子

蔬菜・海藻・豆類
明日葉、南瓜、紅蘿蔔、芹菜、牛蒡、蓮藕、茄子、韭菜、舞菇、香菇、鴻禧菇、滑菇、海藻（羊栖菜、昆布、海帶芽、海蘊）、大蒜、蘆筍、豌豆仁、黑豆、核桃

調味料
味噌、醬油、蜂蜜、黑糖、橄欖油、芝麻油

熬湯食材
蝦米、小魚、柴魚片、乾香菇、昆布、雞肉、芝麻

穀類・根莖類
糙米、發芽糙米、胚芽米、蕎麥、小麥、大麥、薏仁、山藥、地瓜、馬鈴薯、芋頭

肉・魚貝・蛋・乳製品
肉類（雞肉、豬肉、馬肉、羊肉）、蛋、鮭魚、青魚（竹筴魚、沙丁魚、鯖魚、秋刀魚）、白肉魚（鰈魚、鯛魚、鱈魚）、紅肉魚（鮪魚、鰹魚）、貝類（蜆、蛤蜊、牡蠣）、乳製品（優格、起司）

大豆製品
納豆、豆腐、凍豆腐、豆漿、腐皮

蜆肉燴飯

材　料	抗癌營養素
┌ 蜆肉…100g	（甲硫氨酸、牛磺酸、白胺酸）
│ 豆腐…50g	（大豆異黃酮）
│ 青花菜…3朵	（玉米黃質、葉黃素、異硫氰酸酯、鞣花酸、蘿蔔硫素）
│ 雞胸肉…50g	（維生素A、B₆、菸鹼酸、油酸、肌肽）
A 紅甜椒…20g	（維生素A、C、E、辣椒素、胡蘿蔔素）
│ 黃甜椒…20g	（維生素A、C、E、辣椒素）
│ 牛蒡…20g	（綠原酸、菊糖、木質素）
│ 蘆筍…1/2根	（天門冬胺酸、類黃酮、絲氨酸）
└ 大蒜…1/2片	（二烯丙基二硫、硫化物、硒、大蒜素）
芝麻油…少許	（芝麻素、油酸、亞麻酸、芝麻木酚素）
發芽糙米（已煮熟）…70g（gaba）	
葛粉…3g	

作　法
❶ 將A食材全部切成狗狗容易吞嚥的大小。
❷ 芝麻油倒入平底鍋加熱，放入大蒜、雞肉及蔬菜拌炒。
❸ 加入炊煮好的糙米飯一起翻炒，裝盤。
❹ 將蜆肉、豆腐放入小鍋中，加入淹過食材的水一起煮滾，再加用水溶解後的葛粉水勾芡，淋在❶上即可。

什蔬蛤蜊飯

材　料	抗癌營養素
┌ 蛤蜊肉…80g	（維生素B₁₂、牛磺酸）
│ 凍豆腐…8g	（大豆異黃酮、維生素B、大豆皂素）
│ 紅蘿蔔…30g	（β-胡蘿蔔素、維生素C、鉀、茄紅素）
│ 香菇…1小朵	（香菇多醣、維生素B群）
A 牛蒡…20g	（綠原酸、木香烴內酯）
│ 羊栖菜…5g	（褐藻素、鉀、海藻酸、膳食纖維）
│ 芹菜…15g	（維生素B₂、C、β-胡蘿蔔素）
│ 地瓜…50g	（維生素C、E、神經節糖苷、膳食纖維、多酚化合物）
└ 鴻禧菇…25g	（β-葡聚醣、維生素B群）
發芽糙米（已煮熟）…50g（gaba）	
亞麻仁油…1大匙	（木脂素、α亞麻酸）

作　法
❶ 將A食材全部切成狗狗容易吞嚥的大小。
❷ 放入平底鍋中，加入淹過食材的水將所有食材煮至熟透。
❸ 將炊煮好的糙米飯加入❷輕輕拌炒，熄火後淋上亞麻仁油即可。

※以上分量均以重量10kg之狗狗的一餐進食量而制定。

羔羊肉鬆餅

材料

抗癌營養素

A
- 羔羊肉…50g　（維生素B₁₂、絲氨酸、左旋肉鹼）
- 舞菇…15g　（β-葡聚醣）
- 核桃…7g　（亞麻酸、α亞麻酸、維生素E、輔酶）
- 南瓜…20g　（維生素C、蘋果果膠）
- 蘋果…20g　（維生素B群）
- 藍莓…20g

橄欖油…適量　（油酸、維生素E）
大蒜（切碎）…1/4瓣　（二烯丙基二硫、硒、大蒜素）
小麥粉…40g
蛋…1/2個　（唾液酸、卵磷脂、維生素A、B₂、B₁₂）
泡打粉…2g
原味優格…50g　（乳酸菌）

作法

❶ 將A食材全部切成狗狗容易吞嚥的大小。

❷ 蛋打入碗中，加入小麥粉、泡打粉及適量水混合均勻。

❸ 橄欖油倒入平底鍋加熱，放入蘋果以外的A食材及大蒜，拌炒至全部熟透後，加入步驟❷的麵糊將兩面煎熟。

❹ 切成狗狗易順利吞食的大小，附上切塊蘋果、藍莓與優格即完成。

惡性淋巴腫瘤

 Dr. 須崎建議

狗狗的惡性淋巴腫瘤，是遍佈全身的淋巴組織發生癌化的狀態。淋巴結是白血球攻擊異物（例如細菌）的場所，在攻擊異物時所釋放出的大量活性氧，可能會使組織發生癌化病變。治療重點除了要縮小罹癌組織，同時也要找出根本原因並排除，才能預防復發。

建議多吃的食材	富含的抗癌營養素
高麗菜	異硫氰酸酯（蘿蔔硫素）、過氧化物、維生素C、維生素K、維生素U、泛酸、固醇、吲哚
紅蘿蔔	β-胡蘿蔔素、葉綠素、萜、固醇、維生素C、維生素E、茄紅素
蘆筍	β-胡蘿蔔素、維生素C、天門冬胺酸、蘆丁
菇類	β-葡聚醣、維生素C、維生素D、膳纖維、蘑菇多醣（於香菇發現的一種β-葡聚醣）
青魚	DHA、EPA、維生素A、維生素B_1
地瓜	β-胡蘿蔔素、神經節苷脂、維生素C、維生素E

對惡性淋巴腫瘤有效的食材

水果
蘋果、哈密瓜、莓果類（草莓、藍莓）、香蕉、酪梨、西瓜、柿子、梨子

蔬菜・海藻・豆類

高麗菜、南瓜、生菜、紅蘿蔔、牛蒡、茄子、蓮藕、韭菜、舞菇、香菇、鴻禧菇、滑菇、海藻（羊栖菜、昆布、海帶芽、海蘊）、大蒜、蘆筍、豌豆仁、黑豆、核桃

調味料
味噌、醬油、蜂蜜、黑糖、橄欖油、芝麻油

熬湯食材
蝦米、小魚、柴魚片、乾香菇、昆布、雞肉、芝麻

穀類・根莖類
糙米、發芽糙米、胚芽米、蕎麥、小麥、大麥、薏仁、山藥、地瓜、芋頭

肉・魚貝・蛋・乳製品
肉類（雞肉、豬肉、馬肉、羊肉）、蛋、鮭魚、青魚（竹筴魚、沙丁魚、鯖魚、秋刀魚）、白肉魚（鰈魚、鯛魚、鱈魚）、紅肉魚（鮪魚、鰹魚）、貝類（蜆、蛤蜊、牡蠣）、乳製品（優格、起司）

大豆製品

納豆、豆腐、凍豆腐、豆漿、腐皮

雞肉芋頭煮

黃色部分＝抗癌營養素

材　料	抗癌營養素
A ┌ 雞胸肉…60g	（蛋氨酸、維生素A）
├ 芋頭…30g	（黏液素、半乳聚醣、萜）
├ 紅蘿蔔…30g	（β-胡蘿蔔素、鉀、茄紅素、維生素C）
├ 凍豆腐…10g	（大豆異黃酮、大豆皂素）
└ 舞菇…10g	（β-葡聚醣）
青花菜芽…10g	（蘿蔔硫素）
小魚乾…5g	（DHA、EPA）

作　法

① 將A食材全部切成狗狗容易吞嚥的大小。

② 放入鍋中，加入小魚乾及淹過食材的水，以小火燜煮至食材全部變得熟軟。

③ 盛起，撒上青花菜芽即完成。

豬肉多彩鮮蔬燴飯

材　料	抗癌營養素
A ┌ 豬肩胛肉…60g	（維生素B₁、B₂、E、菸鹼酸）
├ 蘆筍…30g	（黃酮、硒、天門冬胺酸）
├ 小番茄…2個	（茄紅素、β-胡蘿蔔素、α亞麻酸）
└ 糙米飯（已煮熟）…40g	（維生素B群）
大蒜（切碎）…適量	（硒、二烯丙基二硫、大蒜素）
橄欖油…適量	（維生素E、油酸）

作　法

① 將A食材全部切成狗狗容易吞嚥的大小。

② 橄欖油倒入平底鍋加熱，放入大蒜及步驟①的食材拌炒。

③ 加入淹過所有食材的水，燜煮至熟軟即可。

※以上分量均以重量10kg之狗狗的一餐進食量而制定。

抗癌重點

DHA和EPA具有抑制癌細胞增殖、轉移的作用，此外，DHA也有使癌細胞自我毀滅的功效。

竹筴魚拌炒黃豆

材　料

A
高麗菜…20g
柿子…20g
水煮黃豆…20g
海帶芽…10g

竹筴魚…60g
優格…適量
芝麻油…適量

抗癌營養素

（維生素C、異硫氰酸酯、維生素U）
（維生素C）
（大豆異黃酮）
（褐藻素）
（EPA、DHA）
（乳酸菌）
（油酸、亞麻酸、芝麻木酚素、芝麻素）

作　法

❶ 將A食材全部切成狗狗容易吞嚥的大小。

❷ 竹筴魚烤熟後去骨，剝下魚肉備用。

❸ 芝麻油倒入平底鍋加熱，加入高麗菜、水煮黃豆及海帶芽拌炒至熟。

❹ 再加入魚肉混合均勻，盛起後撒入柿子，最後淋上優格即完成。

子宮・卵巢・
睪丸・前列腺癌

Dr. 須崎建議

具有對全身進行微調整功能、與荷爾蒙有關的臟器腫瘤，一般來說，大多會以切除做處理；但即使切除了，仍可能在腹腔內出現轉移現象。為了避免這種困擾，建議趁愛犬還年輕時進行絕育手術，不過這也會造成荷爾蒙失調的後遺症。

建議多吃的食材		富含的抗癌營養素
	南瓜	β-胡蘿蔔素、維生素C、維生素E、葉黃素、苯酚、硒
	番茄	茄紅素、β-胡蘿蔔素、葉黃素、維生素C、維生素E
	紅甜椒	萜烯、β-胡蘿蔔素、維生素C、維生素E、葉綠素
	扇貝	維生素B_1、維生素B_2、牛磺酸、硒
	納豆	蛋白質、納豆激酶、維生素B_2、維生素B_6、維生素E
	玉米	維生素B_1、維生素B_2、維生素E

對子宮・卵巢・睪丸・前列腺癌有效的食材

水果
蘋果、哈密瓜、莓果類（草莓、藍莓）、香蕉、酪梨、西瓜、柿子、梨子

蔬菜・海藻・豆類
南瓜、高麗菜、番茄、芹菜、紅蘿蔔、甜椒、紅甜椒、蓮藕、韭菜、舞菇、香菇、鴻禧菇、滑菇、海藻（羊栖菜、昆布、海帶芽、海蘊）、大蒜、蘆筍、豌豆仁、黑豆、核桃

調味料
味噌、醬油、蜂蜜、黑糖、橄欖油、芝麻油

熬湯食材
蝦米、小魚、柴魚片、乾香菇、昆布、雞肉、芝麻

穀類・根莖類
糙米、發芽糙米、胚芽米、蕎麥、小麥、大麥、薏仁、山藥、地瓜、馬鈴薯、芋頭、玉米

肉・魚貝・蛋・乳製品
肉類（雞肉、豬肉、馬肉、羊肉）、蛋、鮭魚、青魚（竹筴魚、沙丁魚、鯖魚、秋刀魚）、白肉魚（鰈魚、鯛魚、鱈魚）、紅肉魚（鮪魚、鰹魚）、貝類（蜆、蛤蜊、扇貝）、乳製品（優格、起司）

大豆製品
納豆、豆腐、凍豆腐、豆漿、腐皮

黃色部分＝抗癌營養素

扇貝豆漿燉飯

材　料	抗癌營養素
扇貝…100g	（牛磺酸、維生素B₂、鋅）
南瓜…75g	（β-胡蘿蔔素、維生素B₁、B₂、C、E、多酚、神經節苷脂）
紅蘿蔔…10g	（葉綠素、β-胡蘿蔔素、鉀、茄紅素、維生素C）
玉米粒…20g	（維生素E、膳食纖維、鎂、硒、玉米黃質）
糙米飯（已煮熟）…60g	（植酸）
豆漿…80cc	（大豆異黃酮）
味噌…少許	（脂酸乙酯、穀氨酸、維生素B、E、膽鹼、卵磷脂、鉬、鈉）

作　法

① 除玉米粒以外的蔬菜及扇貝，皆切成狗狗容易吞嚥的大小。

② 放入鍋中，加入淹過食材的水一起燜煮。

③ 待食材煮軟，加入豆漿及煮熟的糙米飯後再煮一下，最後以少量味噌調味即可。

納豆炒飯

材　料	抗癌營養素
豬腿肉…75g	（維生素B₁、B₂、E、菸鹼酸）
紅甜椒…40g	（辣椒素）
豌豆仁…20g	（鉬、β-胡蘿蔔素）
發芽糙米（已煮熟）…50g	（植酸）
納豆…50g	（硒、納豆激酶、蛋白質、維生素B₂、B₆、E、鉀）
芝麻油…適量	（維生素E、油酸、亞麻酸、芝麻木酚素、芝麻素）

作　法

① 將豬腿肉和紅甜椒全部切成狗狗容易吞嚥的大小。

② 芝麻油倒入平底鍋加熱，將豌豆仁加入步驟①的食材一起拌炒。

③ 鍋中食材全部炒熟後，加入納豆及煮熟的糙米飯拌炒均勻後即完成。

※以上分量均以重量10kg之狗狗的一餐進食量而制定。

沖繩風番茄炒鮭魚

材料

生鮭魚…100g
番茄…30g
白蘿蔔（根）…30g

白蘿蔔（葉）…20g
舞菇…10g
板豆腐…65g
胚芽飯（已煮熟）…50g
橄欖油…適量

抗癌營養素

（蝦青素、EPA、DHA）
（茄紅素、β-胡蘿蔔素、α亞麻酸）
（異硫氰酸酯、過氧化物、葡糖異硫氰酸鹽、澱粉酶）
（維生素C、β-胡蘿蔔素）
（β-葡聚醣）
（亞麻酸、大豆異黃酮）
（維生素B$_1$）
（油酸、維生素E）

作法

❶ 所有蔬菜及板豆腐全部切成狗狗容易吞嚥的大小。

❷ 鮭魚烤熟後去骨、剝下魚肉備用。

❸ 橄欖油倒入鍋中加熱，加入蔬菜食材拌炒。

❹ 加入已煮熟的胚芽米飯及豆腐輕輕炒拌均勻後即完成。

口腔癌

 Dr. 須崎建議

狗狗的口腔癌主要有三種，分別是惡性黑色素瘤、鱗狀上皮細胞癌以及纖維肉瘤。
由於會引發患部疼痛，因此當狗狗出現分泌大量唾液、食慾降低、口臭或口腔出
血、顏面腫脹、只用單側咀嚼食物等症狀時，就要特別留意。

建議多吃的食材		富含的抗癌營養素
	蕪菁	（葉）硫配醣體、β-胡蘿蔔素、維生素C （根）異硫氰酸酯、吲哚
	高麗菜	β-胡蘿蔔素、維生素C、維生素K、維生素U、 異硫氰酸酯（蘿蔔硫素）、固醇、吲哚
	秋葵	葉酸、半乳聚醣、果膠、β-胡蘿蔔素
	蛋	維生素A（視黃醇）、維生素B群、組氨酸
	蝦米	蝦青素
	山藥	黏液素、膽鹼、維生素B群、維生素C

對口腔癌有效的食材

水果
蘋果、哈密瓜、莓果類（草莓、藍莓）、香蕉、酪梨、西瓜、柿子、梨子

蔬菜・海藻・豆類
高麗菜、秋葵、芹菜、紅蘿蔔、牛蒡、茄子、舞菇、香菇、鴻禧菇、滑菇、海藻（羊栖菜、昆布、海帶芽、海蘊）、大蒜、蘆筍、豌豆仁、黑豆、核桃、蕪菁（葉・根）

調味料
味噌、醬油、蜂蜜、黑糖、橄欖油、芝麻油

熬湯食材
蝦米、小魚、柴魚片、乾香菇、昆布、雞肉、芝麻

穀類・根莖類
糙米、發芽糙米、胚芽米、蕎麥、小麥、大麥、薏仁、山藥、地瓜、馬鈴薯、芋頭

肉・魚貝・蛋・乳製品
肉類（雞肉、豬肉、馬肉、羊肉）、蛋、鮭魚、青魚（竹筴魚、沙丁魚、鯖魚、秋刀魚）、白肉魚（鰈魚、鯛魚、鱈魚）、紅肉魚（鮪魚、鰹魚）、貝類（蜆、蛤蜊、牡蠣）、乳製品（優格、起司）

大豆製品
納豆、豆腐、凍豆腐、豆漿、腐皮

雞肉蔬菜和風燉湯

材　料	抗癌營養素
雞腿肉…100g	（肌肽、維生素A、維生素B₁、菸鹼酸、油酸）
高麗菜…20g	（維生素C、K、U、β-胡蘿蔔素、異硫氰酸酯、過氧化物）
南瓜…20g	（維生素B₁、B₂、C、E、β-胡蘿蔔素、多酚、神經節苷脂）
紅蘿蔔…20g	（β-胡蘿蔔素、萜烯、鉀、茄紅素、維生素C）
馬鈴薯…30g	（維生素C、綠原酸、鉀、鎂）
昆布…少量	（褐藻素）
水…250cc	

抗癌重點

雞肉可促進血液循環，搭配深色蔬菜可攝取到豐富的抗氧化維生素。吞嚥有困難時，可使用攪拌機。

作　法

① 將食材全部切成狗狗容易吞嚥的大小。

② 將步驟①的食材全部放入平底鍋，和水一起燉煮。

③ 為便於吞嚥，也可以把②放進攪拌機裡打成糊狀。

香濃奶油玉米醬麻婆豆腐

材　料	抗癌營養素
鱈魚…1片	（EPA、DHA、穀胱甘肽）
番茄…20g	（茄紅素、β-胡蘿蔔素、α亞麻酸）
豆腐…30g	（皂素、維生素E）
玉米（醬）…20g	（維他命E、硒、膳食纖維、鎂、玉米黃質）
荷蘭芹…少量	（毛地黃黃酮）
豆漿…20g	（皂素、維生素E、大豆異黃酮）
葛粉（加水溶解）…少量	（葛根素）
水…200cc	

抗癌重點

玉米醬的甜味及黏黏糊糊的口感，很容易進食。鱈魚除了質地柔軟，營養價值也相當豐富。

作　法

① 番茄、豆腐全部切成狗狗容易吞嚥的大小。

② 鱈魚烤熟後去骨、剝下魚肉備用。

③ 番茄及豆腐放入鍋中，加入水200cc，蓋上鍋蓋燜煮。

④ 再加入玉米醬及豆漿煮滾，最後用調勻的葛粉水勾芡，盛起，撒上荷蘭芹末即可。

※以上分量均以重量10kg之狗狗的一餐進食量而制定。

鮪魚山藥溫拌野菜

材　料	抗癌營養素
鮪魚…100g	（DHA、EPA）
蕪菁…30g	（β-胡蘿蔔素）
地瓜…30g	（β-胡蘿蔔素、維生素C、神經節苷脂、膳食纖維、多酚化合物）
山藥…40g	（黏液素）
芝麻油…少量	（油酸、亞麻酸、芝麻木酚素、芝麻素）
青海苔…少量	（卟啉、葉酸）

作　法

1. 把蕪菁與地瓜切成狗狗容易吞嚥的大小。
2. 鮪魚用刀剁碎，山藥磨成泥狀備用。
3. 蕪菁及地瓜放入鍋中，加入淹過食材的水燜煮至熟軟。
4. 加入芝麻油拌勻，盛盤，鋪上鮪魚及山藥泥，最後撒上青海苔即完成。

腎臟・膀胱癌

 ## Dr. 須崎建議

很多飼主在發現狗狗突然有喝很多水、大量排尿的情況，帶到醫院檢查後才發現泌尿器官已長出腫瘤。這說明了此類癌症在初期階段不容易有明顯症狀，所以等到發現問題時，幾乎都要面對不得不切除的狀態。

建議多吃的食材	富含的抗癌營養素
小松菜	葡糖異硫氰酸鹽、β-胡蘿蔔素、隱黃質、維生素B群、維生素C、穀胱甘肽
紅蘿蔔	β-胡蘿蔔素、葉綠素、萜烯、固醇、維生素C、維生素E、茄紅素
菇類	β-葡聚醣、維生素C、維生素D、膳食纖維、香菇多醣體（香菇的β-葡聚醣）
大蒜	二烯丙基二硫、大蒜素、萜烯、硒
青魚	DHA、EPA、維生素A、維生素B$_1$
山藥	黏液素、膽鹼、維生素B群、維生素C

對腎臟・膀胱癌有效的食材

水果
蘋果、哈密瓜、莓果類（草莓、藍莓）、香蕉、酪梨、西瓜、柿子、梨子

蔬菜・海藻・豆類
小松菜、高麗菜、南瓜、芹菜、紅蘿蔔、牛蒡、茄子、舞菇、香菇、鴻禧菇、滑菇、金針菇、海藻（羊栖菜、昆布、海帶芽、海蘊）、大蒜、蘆筍、豌豆仁、黑豆、核桃

調味料
味噌、醬油、蜂蜜、黑糖、橄欖油、芝麻油

熬湯食材
蝦米、小魚、柴魚片、乾香菇、昆布、雞肉、芝麻

穀類・根莖類
糙米、發芽糙米、胚芽米、蕎麥、小麥、大麥、薏仁、山藥、地瓜、馬鈴薯、芋頭

肉・魚貝・蛋・乳製品
肉類（雞肉、豬肉、馬肉、羊肉）、蛋、鮭魚、青魚（竹筴魚、沙丁魚、鯖魚、秋刀魚）、白肉魚（鰈魚、鯛魚、鱈魚）、紅肉魚（鮪魚、鰹魚）、貝類（蜆、蛤蜊、牡蠣）、乳製品（優格、起司）

大豆製品
納豆、豆腐、凍豆腐、豆漿、腐皮

蜆肉糖米燴飯

材　料	抗癌營養素
蜆肉…50g	（牛磺酸、維生素B₁₂、鳥氨酸）
紅蘿蔔…20g	（β-胡蘿蔔素、菇烯、鉀、茄紅素、維生素C）
香菇…10g	（香菇多醣體、β-葡聚醣、香菇嘌呤）
昆布（泡軟）…5g	（膳食纖維、褐藻糖膠）
發芽糖米飯（已煮熟）…30g	（gaba、膳食纖維、阿魏酸）
水…100cc	

作　法

① 蔬菜及泡軟的昆布全部切成狗狗容易吞嚥的大小。
② 放入鍋中，加入蜆肉及水100cc，蓋上鍋蓋燜煮。
③ 再加入發芽糖米飯拌煮均勻即可。

抗癌重點

貝類含有豐富的牛磺酸，具有抑制致癌物質的效果，湯汁及貝肉都要一起餵食。

沙丁魚炒小松菜

材　料	抗癌營養素
沙丁魚…1條	（EPA、DHA）
小松菜…20g	（β-胡蘿蔔素、維生素C、鉀）
甜椒…30g	（β-胡蘿蔔素、維生素C）
大蒜（切碎）…少許	（二烯丙基二硫、大蒜素、硫化物、硒）
橄欖油…1大匙	（維生素E、油酸）
荷蘭芹…少許	（鉀、β-胡蘿蔔素）

抗癌重點

沙丁魚含有豐富的DHA與EPA，可阻止癌細胞增殖及轉移，再加上小松菜的抗氧化物質，效果更佳。

作　法

① 小松菜、甜椒全部切成狗狗容易吞嚥的大小。
② 沙丁魚烤熟後去骨、剝下魚肉備用。
③ 橄欖油倒入鍋中加熱，放入大蒜及步驟①的食材拌炒。
④ 加入魚肉拌勻，盛起，撒上荷蘭芹末即完成。

※以上分量均以重量10kg之狗狗的一餐進食量而制定。

抗癌重點
雞肉可讓身體變得溫暖，加上黃綠色蔬菜的抗氧化物質、菇類的營養成分以及山藥黏滑的口感，更能促進食慾。再加入味噌與豆漿調味，口感就更豐富了。

雞翅豆漿味噌湯

材 料	抗癌營養素
雞翅…2支	（維生素A）
山藥…20g	（β-胡蘿蔔素、維生素C）
南瓜…20g	（β-胡蘿蔔素、維生素B₁、B₂、C、E、多酚、神經節苷脂）
鴻禧菇…10g	（β-葡聚醣、香菇嘌呤、膳食纖維）
青花菜…10g	（β-胡蘿蔔素、葉黃素、穀胱甘肽、鞣花酸、蘿蔔硫素）
豆漿…50cc	（維生素B₁、B₂、E、菸鹼酸、大豆異黃酮）
味噌…1小匙	（脂酸乙酯、維生素B群、E、穀氨酸、膽鹼、卵磷脂、鉬、鈉）

作 法
❶ 將所有蔬菜都切成狗狗容易吞嚥的大小。
❷ 放入鍋中與雞翅一起拌炒，加水淹過食材燜煮至雞肉軟嫩。
❸ 加入豆漿、味噌再煮一下，挑起雞翅去骨後，即可與鍋中料理一起盛盤。

骨肉瘤

 Dr. 須崎建議

骨肉瘤就是骨癌（惡性腫瘤），好發於高齡大型犬的四肢骨頭上。骨肉瘤會產生劇烈疼痛而造成腳抽筋，若轉移到肺部，就會出現呼吸器官的不適症狀。一般以截肢作為治療，但復發的情形也不在少數，幾乎不太可能完全痊癒，最後多以緩和疼痛照護為主，主要是因為骨肉瘤的癌病原因不只是發生在患部的問題而已。

建議多吃的食材	富含的抗癌營養素
生薑	薑酚、薑烯酚
雞肉	維生素A、維生素B$_1$、菸鹼酸
豬肉	維生素B$_1$、維生素B$_2$、維生素E、菸鹼酸
鮪魚（紅肉）	EPA、DHA、維生素D、維生素E、菸鹼酸
大豆、大豆製品	大豆異黃酮、皂素、類黃酮、萜烯
糙米、發芽糙米、胚芽米	木脂素、維生素B$_1$、維生素E、植酸
地瓜	β-胡蘿蔔素、神經節苷脂、維生素C、維生素E

對骨肉瘤有效的食材

水果

蘋果、哈密瓜、莓果類（草莓、藍莓）、香蕉、酪梨、西瓜、柿子、梨子

蔬菜・海藻・豆類

秋葵、高麗菜、南瓜、芹菜、紅蘿蔔、蘿蔔（葉・根）、牛蒡、茄子、薑、舞菇、香菇、鴻禧菇、滑菇、海藻（羊栖菜、昆布、海帶芽、海蘊）、大蒜、蘆筍、豌豆仁、黑豆、核桃

調味料

味噌、醬油、蜂蜜、黑糖、橄欖油、芝麻油

熬湯食材

蝦米、小魚、柴魚片、乾香菇、昆布、雞肉、芝麻

穀類・根莖類

糙米、發芽糙米、胚芽米、蕎麥、小麥、大麥、薏仁、山藥、地瓜、馬鈴薯、芋頭

肉・魚貝・蛋・乳製品

肉類（雞肉、豬肉、馬肉、羊肉）、蛋、鮭魚、青魚（竹筴魚、沙丁魚、鯖魚、秋刀魚）、白肉魚（鰈魚、鯛魚、鱈魚）、紅肉魚（鮪魚、鰹魚）、貝類（蜆、蛤蜊、牡蠣）、乳製品（優格、起司）

大豆製品

納豆、豆腐、凍豆腐、豆漿、腐皮

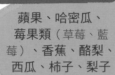

鮪魚黏黏丼

材　料	抗癌營養素
鮪魚肉…70g	（DHA、維生素D、維生素E、菸鹼　、鐵、鋅）
納豆…30g	（蛋白質、維生素B₂、B₆、E、納豆激酶、鉀、鎂、鈣、鐵、硒）
秋葵…4根	（葉酸、半乳聚醣、β-胡蘿蔔素、鉀、鈣）
紫蘇…2片	（β-胡蘿蔔素、紫蘇 、鐵、鈉、維生素B₁、B₂、C）
海帶根…20g	（海藻酸、褐藻糖膠、鉀）
山藥…100g	（黏液素、膽鹼、維生素B群、C、鉀）

作　法

1. 將秋葵與海帶根汆燙後撈起、秋葵橫切成輪狀小片備用。
2. 鮪魚肉切成一口大小，山藥磨成泥狀備用。
3. 將❶、❷均盛入盤中，加入納豆混合均勻。
4. 紫蘇剪成細絲，撒在❸上即可。

抗癌重點

為維持狗狗的肌肉量，建議多使用含豐富蛋白質的鮪魚等魚肉，搭配容易吞嚥的黏稠食材餵食。

藍莓雞肉煮

材　料	抗癌營養素
雞腿肉…100g	（維生素A、B₁、菸鹼酸、油酸）
地瓜…70g	（β-胡蘿蔔素、神經節苷脂、維生素C、E、膳食纖維、多酚化合物）
高麗菜…40g	（過氧化物、異硫氰酸酯、維生素C、U、K、泛酸）
紅蘿蔔…30g	（β-胡蘿蔔素、葉綠素、萜烯、固醇、維生素C、E、鉀、茄紅素）
荷蘭芹…少許	（β-胡蘿蔔素、葉綠素、維生素B₁、B₂、C）
豆腐…45g	（卵磷脂、大豆皂素、大豆異黃酮）
藍莓（冷凍品亦可）…50g	（花青素、維生素E、類胡蘿蔔素）

作　法

1. 荷蘭芹以外的蔬菜、雞肉及豆腐全部切成狗狗容易吞嚥的大小。
2. 放入鍋中，加入藍莓及淹過食材的水一起燜煮至熟，盛入大碗中。
3. 荷蘭芹切碎，撒在❷上即可。

※以上分量均以重量10kg之狗狗的一餐進食量而制定。

抗癌重點

雞肉有助於維持肌肉量，且含有豐富的抗氧化物質，可降低活性氧在體內造成傷害的程度，能幫助狗狗度過抗癌戰鬥期。

薑汁豬肉丼

材 料	抗癌營養素
豬里肌肉…80g	（維生素B₁、B₂、E、菸鹼酸）
高麗菜…40g	（維生素C、K、U、異硫氰酸酯、過氧化物、泛酸）
紅蘿蔔…20g	（β-胡蘿蔔素、葉綠素、萜烯、固醇、維生素C、E）
白蘿蔔（葉）…20g	（維生素C、β-胡蘿蔔素）
白蘿蔔（根）…20g	（β-胡蘿蔔素、維生素C、異硫氰酸烯丙酯、過氧化物、葡糖異硫氰酸鹽、澱粉酶）
胚芽糙米飯（已煮熟）…50g	（木脂素、維生素B₁、E、植酸）
納豆…40g	（維生素B₆、納豆激酶、鉀、鎂）
薑…少許	（薑酚、薑烯酚）
芝麻油…少許	（油酸、亞麻酸、芝麻木酚素、芝麻素）

作 法

① 薑與白蘿蔔根全部磨成泥狀備用。

② 豬肉、高麗菜、紅蘿蔔、白蘿蔔葉全部切成狗狗容易吞嚥的大小。

③ 芝麻油放入鍋中加熱，放入步驟②的食材及薑泥拌炒。

④ 加入煮熟的胚芽糙米飯與納豆後再略微拌炒一下。

⑤ 盛起，最後以蘿蔔泥點綴即完成。

大腸癌

Dr. 須崎建議

主要症狀有大便前後出血、血便、排便困難及細便等，屬於比較容易早期發現的腫瘤。發病主要原因為低纖維飲食、排便習慣不佳，導致致癌物質影響身體時間增長而引發問題。首先，讓狗狗多攝取高纖維的飲食，是比較理想的改善方式。

建議多吃的食材		富含的抗癌營養素
	青花菜	蘿蔔硫素、β-胡蘿蔔素、葉黃素、維生素C、硒、槲皮素、穀胱甘肽、葡糖二酸鈣
	紅蘿蔔	β-胡蘿蔔素、葉綠素、萜烯、固醇、維生素C、維生素E、番茄紅素
	海蘊類	β-胡蘿蔔素、藻褐素、褐藻糖膠、炔烴酸、維生素B_1、維生素B_2
	青魚	DHA、EPA、維生素A、維生素B_1
	鮭魚	蝦青素、DHA、EPA、維生素B群、維生素D、DHA、EPA、維生素A、維生素B_1
	天然發酵優格	乳酸菌

對大腸癌有效的食材

水果

蘋果、哈密瓜、莓果類（草莓、藍莓）、香蕉、酪梨、西瓜、柿子、梨子

調味料

味噌、醬油、蜂蜜、黑糖、橄欖油、芝麻油

熬湯食材

蝦米、小魚、柴魚片、乾香菇、昆布、雞肉、芝麻

蔬菜・海藻・豆類

青花菜、高麗菜、南瓜、芹菜、紅蘿蔔、牛蒡、茄子、蓮藕、韭菜、舞菇、香菇、鴻禧菇、滑菇、海藻（羊栖菜、昆布、海帶芽、海蘊）、大蒜、蘆筍、豌豆仁、黑豆、核桃

穀類・根莖類

糙米、發芽糙米、胚芽米、蕎麥、小麥、大麥、薏仁、山藥、地瓜、馬鈴薯、芋頭

肉・魚貝・蛋・乳製品

肉類（雞肉、豬肉、馬肉、羊肉）、蛋、鮭魚、青魚（竹筴魚、沙丁魚、鯖魚、秋刀魚）、白肉魚（鰈魚、鯛魚、鱈魚）、紅肉魚（鮪魚、鰹魚）、貝類（蜆、蛤蜊、牡蠣）、乳製品（優格、起司）

大豆製品

納豆、豆腐、凍豆腐、豆漿、腐皮

黃色部分＝抗癌營養素

鯖魚蔬菜湯飯

材　料	抗癌營養素
鯖魚…60g	（EPA、DHA、輔酶）
紅蘿蔔…20g	（β-胡蘿蔔素、鉀、茄紅素、維生素C）
青花菜…30g	（蘿蔔硫素、鞣花酸）
地瓜…25g	（β-胡蘿蔔素、神經節苷脂、膳食纖維、多酚化合物）
香菇…1/2朵	（β-葡聚醣）
納豆…1/4盒	（蛋白質、硒）
切片昆布…1小撮	（褐藻糖膠）
糙米飯（已煮熟）…50g	（維生素B群）
芝麻油…少許	（油酸、亞麻酸、芝麻木酚素、芝麻素）

抗癌重點

鯖魚含有豐富的DHA與EPA，具有抑制癌細胞增殖的作用，搭配黃綠色蔬菜的膳食纖維，有助促進通便、改善大腸癌症狀。

作　法

① 將蔬菜和昆布切成狗狗容易吞嚥的大小。

② 鯖魚烤熟後去骨、剝下魚肉備用。

③ 芝麻油倒入鍋中加熱，加入步驟①的食材拌炒，再加水淹過食材加蓋燜煮。

④ 將煮熟的糙米飯、納豆加入略煮，再均勻拌入魚肉即可。

鱈魚海帶芽湯義大利麵

材　料	抗癌營養素
鱈魚肉（去骨）…50g	（蛋白質）
紅蘿蔔…20g	（β-胡蘿蔔素、鉀、茄紅素、維生素C）
牛蒡…20g	（多酚）
南瓜…20g	（β-胡蘿蔔素、維生素B₁、B₂、C、E、多酚、神經節苷脂）
海帶芽（乾燥）…1g	（褐藻糖膠）
豆渣…20g	（膳食纖維）
青花菜芽…10g	（蘿蔔硫素）
小魚乾高湯粉…1小匙	（DHA、EPA）
通心粉…15g	

抗癌重點

蔬菜的抗氧化物質能對抗活性氧，海藻與豆渣的膳食纖維則可促進排便，對大腸癌的預防和改善都有正面效果。

作　法

① 將通心粉放入滾水中煮至熟軟，撈出備用。

② 除通心粉及青花菜芽以外的所有食材，全部放入調理機攪拌成糊狀。

③ 將步驟②的食材放入鍋中，並加水淹過食材，加蓋燜煮。

④ 待所有食材煮軟，加入煮熟的通心粉拌勻，盛起，最後加上青花菜芽即可。

※以上分量均以重量10kg之狗狗的一餐進食量而制定。

鮭魚燉高麗菜

材 料	抗癌營養素
生鮭魚…50g	（EPA、DHA、蝦青素）
高麗菜…2大片	（異硫氰酸酯、維生素C、U、過氧化物）
紅蘿蔔…15g	（β-胡蘿蔔素、鉀、茄紅素、維生素C）
青花菜…15g	（蘿蔔硫素、鞣花酸）
地瓜…15g	（β-胡蘿蔔素、神經節苷脂、膳食纖維、多酚化合物）
豆渣…10g	（膳食纖維）
櫻花蝦…1大匙	（蝦青素）
優格…2大匙	（乳酸菌）
糙米飯（已煮熟）…40g	（維生素B群）
橄欖油…少許	（油酸、維生素E）
藍莓（冷凍品）…4顆	（花青素、維生素E、類胡蘿蔔素）

作 法

❶ 鮭魚烤熟後去除魚骨、剝下魚肉備用。

❷ 將蔬菜材料全部切成狗狗容易吞嚥的大小。

❸ 橄欖油倒入鍋中加熱，加入切好的蔬菜、櫻花蝦及豆渣拌炒，加水淹過食材加蓋燜煮。

❹ 待煮至熟軟，加入糙米飯及魚肉攪拌均勻，盛起，淋上優格，最後以藍莓點綴即完成。

血管肉瘤

Dr. 須崎建議

血管內皮細胞所形成的惡性腫瘤多發生在血管豐富的組織，例如脾臟或肝臟等，皮膚和心臟部位也偶有病例。若發生在肝臟和脾臟，腫瘤會產生破裂；若發生在心臟，則會導致心臟瓣膜積水。

建議多吃的食材	富含的抗癌營養素
薑	薑酚、薑烯酚
紫蘇	β-胡蘿蔔素、紫蘇醛、維生素B$_1$、維生素B$_2$、維生素C
甜椒、紅甜椒	萜烯、β-胡蘿蔔素、維生素C、葉綠素
豬肉	維生素B$_1$、維生素B$_2$
大豆、大豆製品	大豆異黃酮、皂素、類黃酮、萜烯
糙米、發芽糙米、胚芽米	維生素B$_1$、維生素E、植酸

對血管肉瘤有效的食材

水果
蘋果、哈密瓜、莓果類（草莓、藍莓）、香蕉、酪梨、西瓜、柿子、梨子

蔬菜・海藻・豆類
高麗菜、南瓜、芹菜、紅蘿蔔、牛蒡、茄子、甜椒、紅甜椒、紫蘇、舞菇、香菇、鴻禧菇、滑菇、海藻（羊栖菜、昆布、海帶芽、海蘊）、大蒜、蘆筍、豌豆仁、黑豆、核桃

調味料
味噌、醬油、蜂蜜、黑糖、橄欖油、芝麻油

熬湯食材
蝦米、小魚、柴魚片、乾香菇、昆布、雞肉、芝麻

穀類・根莖類
糙米、發芽糙米、胚芽米、蕎麥、小麥、大麥、薏仁、山藥、地瓜、馬鈴薯、芋頭

肉・魚貝・蛋・乳製品
肉類（雞肉、豬肉、馬肉、羊肉）、蛋、鮭魚、青魚（竹筴魚、沙丁魚、鯖魚、秋刀魚）、白肉魚（鰈魚、鯛魚、鱈魚）、紅肉魚（鮪魚、鰹魚）、貝類（蜆、蛤蜊、牡蠣）、乳製品（優格、起司）

大豆製品
納豆、豆腐、凍豆腐、豆漿、腐皮

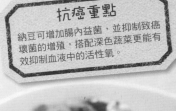
黃色部分＝抗癌營養素

芋頭納豆大阪燒

材　料	抗癌營養素
納豆…1盒	（大豆異黃酮、皂素、類黃酮、萜烯、硒、蛋白質、維生素B₂、B₆、E、納豆激酶、鉀）
小芋頭…3個	（液素、半乳聚醣、萜烯）
甜椒…10g	（萜烯、β-胡蘿蔔素、維生素C）
紫蘇…2片	（β-胡蘿蔔素）
櫻花蝦…1大匙	（牛磺酸、甲殼素）
薑（磨成泥狀）…少許	（薑酚、薑烯酚）
烤海苔…1片	（礦物質）

作　法

❶ 將甜椒與紫蘇切絲備用。

❷ 芋頭剁碎，放入碗中以微波爐加熱至軟化，加入步驟❶的食材、納豆及櫻花蝦後，用叉子壓至軟爛。

❸ 塑型成容易吞嚥的薄片狀，單面貼上海苔片，放入熱鍋中將兩面煎熟即可。

豬肉高麗菜豆漿燴飯

材　料	抗癌營養素
豬肩胛肉…60g	（維生素B₁）
白飯（已煮熟）…100g	
青花菜…10g	（β-胡蘿蔔素、葉黃素、穀胱甘肽）
高麗菜…40g	（維生素C、異硫氰酸酯）
豆漿…2大匙	（大豆異黃酮、維生素E）
橄欖油…少許	（維生素E、油酸）
起司粉…少許	（維生素A）
紫蘇…1片	（β-胡蘿蔔素）

作　法

❶ 豬肉及所有蔬菜切成狗狗容易吞嚥的大小。

❷ 橄欖油倒入鍋中加熱，放入步驟❶的食材拌炒至熟透。

❸ 加入已煮熟的白米飯及豆漿略煮一下，盛起，撒上起司粉後即完成。

※以上分量均以重量10kg之狗狗的一餐進食量而制定。

抗癌重點
鮭魚中含量豐富的抗氧化物質—
蝦青素，搭配深色蔬菜中富含的
胡蘿蔔素，能打擊造成血管肉瘤
的的活性氧。

焗烤鮭魚彩蔬豆腐

材 料

生鮭魚…50g
糙米飯（已煮熟）…80g
甜椒…10g
鴻禧菇…10g
絹豆腐…1/2塊
橄欖油…少許
起司…少許

抗癌營養素

（蝦青素、EPA、DHA、維生素E）
（維生素B₁、B₂、D、E、植酸）
（萜烯、β-胡蘿蔔素、維生素C）
（β-葡聚醣）
（大豆異黃酮、維生素E）
（維生素E、油酸）
（維生素A）

作 法

❶ 鮭魚烤熟後去除魚骨、剝下魚
肉備用。

❷ 蔬菜切成狗狗容易吞嚥的大
小，放入碗中以微波爐稍微加
熱備用。

❸ 將步驟❶、❷的食材與糙米
飯、橄欖油及壓成糊狀的豆腐
皆放入烤盤中拌勻。

❹ 鋪上起司，放入烤箱裡烤至起
司表面微焦即完成。

肺癌

 Dr. 須崎建議

通常在肺癌初期階段不會出現明顯症狀，但是一旦惡化就會開始咳嗽，情況更嚴重的會發生呼吸困難。另外，根據調查指出，有吸菸習慣的飼主比不吸菸的飼主，狗狗罹患肺癌的機率大約高出六成。

建議多吃的食材		富含的抗癌營養素
	小松菜	葡糖異硫氰酸鹽、 β-胡蘿蔔素、隱黃質、維生素B群、維生素C、穀胱甘肽
	南瓜	β-胡蘿蔔素、維生素C、維生素E、葉黃素、苯酚、硒
	番茄	茄紅素、 β-胡蘿蔔素、硒、維生素C、維生素E
	鮭魚	蝦青素、DHA、EPA、維生素B群、維生素D
	天然發酵優格	乳酸菌
	芋頭	黏液素、甘露聚醣、半乳聚醣、維生素B_1

對肺癌有效的食材

水果
蘋果、哈密瓜、莓果類（草莓、藍莓）、香蕉、酪梨、西瓜、柿子、梨子

蔬菜・海藻・豆類
小松菜、紅蘿蔔、芹菜、南瓜、茄子、番茄、韭菜、舞菇、香菇、鴻禧菇、滑菇、海藻（羊栖菜、昆布、海帶芽、海蘊）、大蒜、蘆筍、豌豆仁、黑豆、核桃

調味料
味噌、醬油、蜂蜜、黑糖、橄欖油、芝麻油

熬湯食材
蝦米、小魚、柴魚片、乾香菇、昆布、雞肉、芝麻

穀類・根莖類
糙米、發芽糙米、胚芽米、蕎麥、小麥、大麥、薏仁、山藥、地瓜、馬鈴薯、芋頭

肉・魚貝・蛋・乳製品
肉類（雞肉、豬肉、馬肉、羊肉）、蛋、鮭魚、青魚（竹筴魚、沙丁魚、鯖魚、秋刀魚）、白肉魚（鰈魚、鯛魚、鱈魚）、紅肉魚（鮪魚、鰹魚）、貝類（蜆、蛤蜊、牡蠣）、乳製品（優格、起司）

大豆製品
納豆、豆腐、凍豆腐、豆漿、腐皮

黃色部分＝抗癌營養素

鮭魚酪梨豆漿燴飯

材　料	抗癌營養素
生鮭魚…1片約100g	（蝦青素、EPA、DHA）
豆漿…50cc	（大豆異黃酮）
酪梨…20g	（亞油酸、亞麻酸）
番茄…20g	（茄紅素、β-胡蘿蔔素、α亞麻酸）
羊栖菜…1小匙	（鈣、鎂、褐藻糖膠、鉀、海藻酸、膳食纖維）
糙米飯（已煮熟）…60g	（維生素B₁、B₂、植酸）
水…30cc	

作　法

❶ 鮭魚烤熟後去骨、剝下魚肉備用。

❷ 番茄、酪梨及羊栖菜全部切成狗狗容易吞嚥的大小。

❸ 將步驟❷的蔬菜材料全部放入鍋中，加水淹過食材，蓋上鍋蓋燜煮。

❹ 待煮至熟透，加入糙米飯、豆漿及魚肉再略煮一下即可。

抗癌重點

選擇優質的酪梨，其特有的脂肪多聚乙酰，和鮭魚裡所含的蝦青素等抗氧化物質搭配，對抑制癌症進程的發展很有幫助。

豆粉櫻花蝦燴飯

材　料	抗癌營養素
黃豆粉…20g	（大豆皂素、大豆異黃酮、維生素E）
櫻花蝦…1大匙	（牛磺酸、銅、維生素B₁₂）
蛋…1個	（維生素A、B₂、B₁₂、唾液酸、卵磷脂）
豌豆仁…20g	（β-胡蘿蔔素、鉬）
南瓜…20g	（β-胡蘿蔔素、維生素B₁、B₂、C、E、多酚、神經節苷脂）
芋頭…20g	（黏液素、半乳聚醣、萜烯）
糙米飯（已煮熟）…60g	（維生素B₁、B₂、植酸）

作　法

❶ 芋頭去皮，與其他蔬菜食材切成狗狗容易吞嚥的大小。

❷ 櫻花蝦、黃豆粉及步驟❶的食材均放入鍋中，加水淹過食材，蓋上鍋蓋燜煮。

❸ 再加入煮熟的糙米飯，淋上攪拌均勻的蛋液後，煮至蛋熟即完成。

抗癌重點

黃豆粉含有豐富的大豆皂素，與櫻花蝦、黃綠色蔬菜中的抗氧化物質搭配，能夠發揮更強大的抗癌效果。

※以上分量均以重量10kg之狗狗的一餐進食量而制定。

納豆炒飯佐優格醬

材 料	抗癌營養素
豬絞肉…60g	（維生素B₁、B₂、E、菸鹼酸）
優格…1大匙	（乳酸菌）
小松菜…20g	（β-胡蘿蔔素、維生素C、E、鈣、鐵）
芹菜…20g	（維生素C、鉀、膳食纖維）
紅蘿蔔…20g	（β-胡蘿蔔素、鉀、茄紅素、維生素C）
舞菇…20g	（β-葡聚醣）
納豆…40g	（維生素B₂、B₆、E、硒、蛋白質、納豆激酶、鉀）
糙米飯（已煮熟）…60g	（維生素B₁、B₂、植酸）
橄欖油…適量	（必需脂肪酸、維生素E、油酸）

作 法

❶ 全部蔬菜切成狗狗容易吞嚥的大小。

❷ 橄欖油倒入鍋中加熱，加入步驟❶的食材拌炒至熟透。

❸ 將煮熟的糙米飯及納豆加入鍋中續炒至均勻，盛起，最後淋上優格即完成。

乳腺腫瘤

 ## Dr. 須崎建議

在雌犬身上會發生的所有腫瘤中，乳腺腫瘤大概就佔了50%，其中約有一半為惡性，惡性中又有一半機率會轉移他處，是風險非常高的癌症。因此，請每個月檢查狗狗的乳腺是否有硬塊。

建議多吃的食材	富含的抗癌營養素
 青花菜	蘿蔔硫素、β-胡蘿蔔素、葉黃素、維生素C、硒、槲皮素、穀胱甘肽、葡萄糖醛酸
菠菜	β-胡蘿蔔素、維生素C、維生素E、葉黃素、葉酸、葉綠素、固醇、苯酚
菇類	β-葡聚醣、維生素C、維生素D、膳食纖維、香菇多醣體（香菇中所含的β-葡聚醣）
青魚	DHA、EPA、維生素A、維生素B$_1$
蝦米	蝦青素
糙米、發芽糙米、胚芽米	木脂素、維生素B$_1$、維生素E、植酸
山藥	黏液素、膽鹼、維生素B群、維生素C

對乳腺腫瘤有效的食材

水果
蘋果、哈密瓜、莓果類（草莓、藍莓）、香蕉、酪梨、西瓜、柿子、梨子

蔬菜・海藻・豆類
青花菜、高麗菜、南瓜、芹菜、紅蘿蔔、牛蒡、茄子、菠菜、舞菇、香菇、鴻禧菇、滑菇、海藻（羊栖菜、昆布、海帶芽、海蘊）、大蒜、蘆筍、豌豆仁、黑豆、核桃

調味料
味噌、醬油、蜂蜜、黑糖、橄欖油、芝麻油

熬湯食材
蝦米、小魚、柴魚片、乾香菇、昆布、雞肉、芝麻

穀類・根莖類
糙米、發芽糙米、胚芽米、蕎麥、小麥、大麥、薏仁、山藥、地瓜、馬鈴薯、芋頭

肉・魚貝・蛋・乳製品
肉類（雞肉、豬肉、馬肉、羊肉）、蛋、鮭魚、青魚（竹筴魚、沙丁魚、鯖魚、秋刀魚）、白肉魚（鰈魚、鯛魚、鱈魚）、紅肉魚（鮪魚、鰹魚）、貝類（蜆、蛤蜊、牡蠣）、乳製品（優格、起司）

大豆製品
納豆、豆腐、凍豆腐、豆漿、腐皮

沙丁魚蔬菜湯

材　料	抗癌營養素
沙丁魚…3條	（DHA、EPA、輔酶）
舞菇、杏鮑菇、鴻禧菇…60g	（β-葡聚醣）
牛蒡…50g	（膳食纖維、菊糖、過氧化物、綠原酸、木香烴內酯）
紅蘿蔔…50g	（β-胡蘿蔔素、鉀、茄紅素、維生素C）
味噌…少許	（穀氨酸、維生素B、E、膽鹼、卵磷脂、鉬、鈉）

抗癌重點

沙丁魚含有豐富的DHA與EPA，具有抑制癌細胞增殖的作用，搭配黃綠色蔬菜中的抗氧化物質，可有效對抗乳腺腫瘤。

作　法

① 沙丁魚烤熟後去骨、剝下魚肉備用。
② 全部蔬菜材料切成狗狗容易吞嚥的大小。
③ 蔬菜材料皆放入鍋中，加水淹過食材燜煮。
④ 待煮至熟透，加入魚肉及味噌調味即可。

油豆腐炒菇菇

材　料	抗癌營養素
油豆腐…1/2塊	（大豆異黃酮、大豆皂素）
櫻花蝦…2大匙	（蝦青素）
舞菇、杏鮑魚、鴻禧菇…60g	（β-葡聚醣）
納豆…1盒	（大豆異黃酮、蛋白質、維生素B₂、B₆、E、納豆激酶、鉀、硒）
橄欖油…適量	（維生素E、油酸）

抗癌重點

黃豆製品中所含的大豆異黃酮，具有抑制與荷爾蒙有關癌症的功效，菇類食材則有助於提升狗狗的抗癌戰鬥力。

作　法

① 油豆腐及所有菇類食材全部切成狗狗容易吞嚥的大小。
② 橄欖油倒入鍋中加熱，放入所有材料拌炒至菇類熟軟，盛起即完成。

※以上分量均以重量10kg之狗狗的一餐進食量而制定。

抗癌重點

貝類含有豐富的牛磺酸,具有抑制致癌物質的作用。無論是蛤蜊肉還是熬煮的湯汁,和各種菇類混合餵食都很合適。

香菇蛤蜊巧達湯燴飯

材料

蛤蜊肉…2大匙
雞肉…50g
紅蘿蔔…50g
中型馬鈴薯…1個
舞菇、杏鮑菇、鴻禧菇…80g
菠菜…20g

水…100cc
豆漿…50cc
胚芽米飯(已煮熟)…40g
橄欖油…適量

抗癌營養素

(牛磺酸)
(維生素A、B₆、菸鹼酸、油酸、肌肽)
(β-胡蘿蔔素、鉀、茄紅素、維生素C)
(維生素C)
(β-葡聚醣)
(β-胡蘿蔔素、葉黃素、類胡蘿蔔素、維生素C)

(大豆異黃酮)
(維生素E)
(維生素E、油酸)

作法

❶ 雞肉及所有蔬菜皆切成狗狗容易吞嚥的大小。

❷ 橄欖油倒入平底鍋加熱,放入步驟❶的食材及蛤蜊肉均勻拌炒。

❸ 待煮至熟軟,加入水、豆漿及胚芽米飯,加蓋略為燜煮後即可盛起。

皮膚惡性黑色素瘤

Dr. 須崎建議

這是製造黑色素的細胞發生病變，在口腔黏膜和舌頭上長出黑色腫瘤的癌症。一旦發生病變，發展的速度很快，如果擴散到顎骨時，就必須要切除顎骨了。但由於發病原因並不只是來自患部，所以即使經過切除，過幾個月再復發也是很常見的。

建議多吃的食材		富含的抗癌營養素
	南瓜	β-胡蘿蔔素、維生素C、維生素E、葉黃素、苯酚、硒
	小松菜	葡糖異硫氰酸鹽、穀胱甘肽、β-胡蘿蔔素、維生素B群、維生素C
	海藻類	β-胡蘿蔔素、岩藻黃質、褐藻糖膠、海藻酸、維生素B$_1$、維生素B$_2$
	大豆、大豆製品	大豆異黃酮、皂素、類黃酮、萜烯
	玉米	維生素B$_1$、維生素B$_2$、維生素E
	鮭魚	蝦青素、DHA、EPA、維生素B群、維生素D

對皮膚惡性黑色素瘤有效的食材

水果

蘋果、哈密瓜、莓果類（草莓、藍莓）、香蕉、酪梨、西瓜、柿子、梨子

蔬菜・海藻・豆類

高麗菜、南瓜、芹菜、紅蘿蔔、牛蒡、茄子、小松菜、韭菜、舞菇、香菇、鴻禧菇、滑菇、海藻（羊栖菜、昆布、海帶芽、海蘊）、大蒜、蘆筍、豌豆仁、黑豆、核桃

調味料

味噌、醬油、蜂蜜、黑糖、橄欖油、芝麻油

熬湯食材

蝦米、小魚、柴魚片、乾香菇、昆布、雞肉、芝麻

穀類・根莖類

糙米、發芽糙米、胚芽米、蕎麥、小麥、大麥、薏仁、山藥、地瓜、馬鈴薯、芋頭、玉米

肉・魚貝・蛋・乳製品

肉類（雞肉、豬肉、馬肉、羊肉）、蛋、鮭魚、青魚（竹筴魚、沙丁魚、鯖魚、秋刀魚）、白肉魚（鰈魚、鯛魚、鱈魚）、紅肉魚（鮪魚、鰹魚）、貝類（蜆、蛤蜊、牡蠣）、乳製品（優格、起司）

大豆製品

納豆、豆腐、凍豆腐、豆漿、腐皮

野菜優格溫沙拉

材　料	抗癌營養素
南瓜…50g	（β-胡蘿蔔素、維生素B₁、B₂、C、E、多酚、神經節苷脂）
馬鈴薯…50g	（維生素C、綠原酸、鉀、鎂）
櫻花蝦…2大匙	（蝦青素、甲殼素）
鮪魚…40g	（DHA、EPA）
酪梨…20g	（維生素E、輔酶）
豆腐…50g	（大豆異黃酮、維生素E）
優格…30g	（乳酸菌）
橄欖油…適量	（維生素E、油酸）

抗癌重點

優格中所含有的乳酸菌，具有抑制癌細胞發生與增殖的效果，蔬菜裡富含的抗氧化物質可進一步增加抗癌作用。

作　法

1. 鮪魚、酪梨、南瓜及馬鈴薯全部切成狗狗容易吞嚥的大小。
2. 豆腐壓碎，以廚房紙巾吸取多餘水分。
3. 南瓜、馬鈴薯、櫻花蝦放入小碗，以微波爐加熱至變軟。
4. 以上所有材料混合後，再加入橄欖油及優格拌勻即完成。

絞肉小松菜炒飯

材　料	抗癌營養素
豬絞肉…50g	（維生素B₁、B₂、維生素E、菸鹼酸）
小松菜…30g	（葡糖異硫氰酸鹽、β-胡蘿蔔素、維生素C、鉀）
金針菇…20g	（β-葡聚醣）
納豆…50g	（納豆激酶、硒、蛋白質、維生素B₆、維生素B₁₂、E、鉀）
糙米飯（已煮熟）…50g	（維生素E）
蛋…1個	（唾液酸、維生素A、B₂、B₁₂、卵磷脂）
葡萄籽油…適量	（多酚）

抗癌重點

豬肉的維生素B₁可以促進醣類產生熱量，讓愛犬補充能量。而黃綠色蔬菜含有抗氧化物質，有助於抑制癌症遺傳基因。

作　法

1. 所有蔬菜食材切成狗狗容易吞嚥的大小。
2. 葡萄籽油倒入鍋中加熱，放入絞肉及蔬菜拌炒至熟軟。
3. 加入納豆及糙米飯攪拌均勻，盛入盤中。
4. 蛋打勻後倒入鍋中炒熟，放入步驟❸的炒飯上即可。

※以上分量均以重量10kg之狗狗的一餐進食量而制定。

鮭魚豆漿燴麥片

材 料	抗癌營養素
生鮭魚⋯1片	（EPA、DHA、蝦青素）
豆漿⋯50cc	（大豆異黃酮）
羊栖菜⋯1小匙	（褐藻糖膠、鉀、海藻酸、膳食纖維）
蕪菁⋯30g	（β-胡蘿蔔素、維生素C）
鴻禧菇⋯20g	（β-葡聚醣）
玉米⋯20g	（玉米黃質、硒、維生素E、膳食纖維、鎂）
大麥片⋯30g	（維生素B群）
薑（磨成泥）⋯1片	（薑酚、薑烯酚）
青花菜芽⋯適量	（蘿蔔硫素）

作 法

① 蔬菜食材切成狗狗容易吞嚥的大小。

② 鮭魚烤熟後去除魚骨、剝下魚肉備用。

③ 鍋中放入羊栖菜、蕪菁、鴻禧菇、玉米、大麥片及薑泥，加水淹過食材燜煮。

④ 待所有食材煮軟，加入豆漿及魚肉加熱，盛起後撒上青花菜芽即完成。

脾臟癌

 Dr. 須崎建議

狗狗在脾臟產生的腫瘤，約有三分之二是血管肉瘤。當情況惡化時會造成脾臟肥大、破裂，並因大量出血而死亡。在遺憾發生前，一般多以外科手術切除作為處理，但是一旦發生轉移就很難改善了。

建議多吃的食材	富含的抗癌營養素
小松菜	葡糖異硫氰酸鹽、β-胡蘿蔔素、隱黃質、維生素B群、維生素C、穀胱甘肽
高麗菜	異硫氰酸酯（蘿蔔硫素）、過氧化物、維生素C、維生素K、維生素U、泛酸、固醇、吲哚
蘆筍	維生素C、鉀、天門冬胺酸、蘆丁、葉酸、β-胡蘿蔔素
海藻類	β-葡聚醣、岩藻黃質、褐藻糖膠、海藻酸、維生素B_1、維生素B_2
鮭魚	蝦青素、EPA、DHA、維生素D、泛酸
地瓜	β-胡蘿蔔素、神經節苷脂、維生素C、維生素E

對**脾臟癌**有效的食材

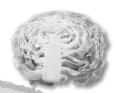

水果

蘋果、哈密瓜、莓果類（草莓、藍莓）、香蕉、酪梨、西瓜、柿子、梨子

蔬菜・海藻・豆類

蘆筍、高麗菜、南瓜、茼蒿、紅蘿蔔、牛蒡、茄子、小松菜、蓮藕、舞菇、香菇、鴻禧菇、滑菇、海藻（羊栖菜、昆布、海帶芽、海蘊）、大蒜、豌豆仁、黑豆、核桃

調味料

味噌、醬油、蜂蜜、黑糖、橄欖油、芝麻油

熬湯食材

蝦米、小魚、柴魚片、乾香菇、昆布、雞肉、芝麻

穀類・根莖類

糙米、發芽糙米、胚芽米、蕎麥、小麥、大麥、薏仁、山藥、地瓜、馬鈴薯、芋頭、玉米

肉・魚貝・蛋・乳製品

肉類（雞肉、豬肉、馬肉、羊肉）、蛋、鮭魚、青魚（竹筴魚、沙丁魚、鯖魚、秋刀魚）、白肉魚（鰈魚、鯛魚、鱈魚）、紅肉魚（鮪魚、鰹魚）、貝類（蜆、蛤蜊、牡蠣）、乳製品（優格、起司）

大豆製品

納豆、豆腐、凍豆腐、豆漿、腐皮

蔬菜燉炒小魚

材　料	抗癌營養素
雞胸肉…55g	（維生素A、甲硫氨酸）
小松菜…20g	（葡糖異硫氰酸鹽、β-胡蘿蔔素、維生素C、鉀）
油豆腐…40g	（鈣、維生素K、大豆異黃酮）
紅蘿蔔…10g	（β-胡蘿蔔素、鉀、茄紅素、維生素C）
蓮藕…10g	（維生素B₁₂、C、鉀）
芋頭…40g	（黏液素、萜烯、半乳聚醣）
小魚乾…5g	（EPA、DHA）
羊栖菜芽…1小撮	（鈣、β-葡聚醣、鐵、褐藻糖膠、鉀、海藻酸、膳食纖維）
芝麻油…少許	（油酸、亞麻酸、芝麻木酚素、芝麻素）

抗癌重點

蔬菜含有的抗氧化物質，如胡蘿蔔素、硫化物等，都具有抑制癌細胞發生與增殖的效果。

作　法

❶ 雞肉、油豆腐及所有蔬菜食材切成狗狗容易吞嚥的大小。

❷ 芝麻油倒入鍋中加熱，放入全部食材拌炒。

❸ 加入可淹過食材的水燜煮，待食材軟化即可。

鮭魚燜野蔬

材　料	抗癌營養素
生鮭魚…60g	（EPA、DHA、蝦青素）
高麗菜…10g	（異硫氰酸酯、維生素C、U、過氧化物）
蘆筍…10g	（天門冬胺酸、硒、類黃酮）
海帶芽…1小撮	（褐藻糖膠）
地瓜…40g	（β-胡蘿蔔素、維生素C、神經節苷脂、膳食纖維、多酚化合物）
紅蘿蔔…10g	（β-胡蘿蔔素、鉀、茄紅素、維生素C）
┌ 芝麻粉…1/2小匙	（維生素E、芝麻素、硒）
A │ 味噌…1/4小匙	（鉬、鈉、卵磷脂、穀氨酸、維生素B、E、膽鹼）
橄欖油…適量	（油酸、維生素E）

抗癌重點

鮭魚含有豐富的抗氧化物質—蝦青素，搭配黃綠色蔬菜所富含的抗氧化物質，可有效打擊在愛犬脾臟裡的活性氧。

作　法

❶ 鮭魚烤熟後去骨、剝下魚肉備用。

❷ 所有蔬菜切成狗狗容易吞嚥的大小。

❸ 橄欖油倒入鍋中加熱，加入步驟❷的蔬菜拌炒，加水淹過食材燜煮。

❹ 最後加入A調味料及魚肉再略煮一下即可。

※以上分量均以重量10kg之狗狗的一餐進食量而制定。

抗癌重點

地瓜及南瓜的甜味有助於提振食慾，而深色蔬菜富含的胡蘿蔔素等抗氧化物質，能抑制癌化進程。

活力雞肉沙拉

材　料	抗癌營養素
┌ 地瓜…40g	（黏液素、β-胡蘿蔔素、維生素C、神經節苷脂、膳食纖維、多酚化合物）
南瓜…20g	（β-胡蘿蔔素、維生素B_1、B_2、C、E、多酚、神經節苷脂）
A 牛蒡…10g	（銅、葉酸、菊糖、綠原酸、木香烴內酯、過氧化物）
舞菇…10g	（β-葡聚醣）
└ 煮熟的黃豆…30g	（鉬、銅、大豆異黃酮）
雞胸肉…60g	（菸鹼酸、蛋白質、維生素A、B_2）
荷蘭芹…少許	（β-胡蘿蔔素）
核桃（搗碎）…3g	（胡蘿蔔素、亞油酸、α亞麻酸、維生素E、輔酶）
豆漿…10cc	（皂素、維生素E）
醬油…少許	

作　法

❶ 將A食材全部切成狗狗容易吞嚥的大小，荷蘭芹切碎。

❷ 雞胸肉以保鮮膜包覆好，放入微波爐加熱至熟，用手撕成容易吞嚥的大小備用。

❸ 將步驟❶的食材全部放入鍋中加熱，加入碎核桃拌炒。

❹ 加入豆漿、醬油及雞胸肉炒勻後盛起，再撒上荷蘭芹末即完成。

肝癌

 Dr. 須崎建議

肝癌初期幾乎沒有症狀，一旦出現惡化，狗狗就會缺乏食慾、腹部膨脹。若病灶起因於肝臟，以外科手術切除，術後恢復的情況會比較良好。但如果已經發生轉移，術後狀況就不會太理想。

建議多吃的食材	富含的抗癌營養素
南瓜	β-胡蘿蔔素、維生素C、維生素E、葉黃素、苯酚、硒
菇類	β-葡聚醣、維生素C、維生素D、膳食纖維、香菇多醣體（香菇的β-葡聚醣）
 牛蒡	多酚、菊糖、精氨酸
貝類	牛磺酸
鮭魚	蝦青素、DHA、EPA、維生素B群、維生素D
蕎麥	蘆丁

對肝癌有效的食材

水果

蘋果、哈密瓜、莓果類（草莓、藍莓）、香蕉、酪梨、西瓜、柿子、梨子

蔬菜・海藻・豆類

高麗菜、南瓜、芹菜、甘草、紅蘿蔔、牛蒡、茄子、蓮藕、韭菜、舞菇、香菇、鴻禧菇、滑菇、海藻（羊栖菜、昆布、海帶芽、海蘊）、大蒜、蘆筍、豌豆仁、黑豆、核桃

調味料

味噌、醬油、蜂蜜、黑糖、橄欖油、芝麻油

熬湯食材

蝦米、小魚、柴魚片、乾香菇、昆布、雞肉、芝麻

穀類・根莖類

糙米、發芽糙米、胚芽米、蕎麥、小麥、大麥、薏仁、山藥、地瓜、馬鈴薯、芋頭

肉・魚貝・蛋・乳製品

肉類（雞肉、豬肉、馬肉、羊肉）、蛋、鮭魚、青魚（竹筴魚、沙丁魚、鯖魚、秋刀魚）、白肉魚（鰈魚、鯛魚、鱈魚）、紅肉魚（鮪魚、鰹魚）、貝類（蜆、蛤蜊、牡蠣）、乳製品（優格、起司）

大豆製品

納豆、豆腐、凍豆腐、豆漿、腐皮

鮭魚豆漿濃湯

材　料	抗癌營養素
生鮭魚…70g	（EPA、DHA、蝦青素）
馬鈴薯…50g	（維生素C、綠原酸、鉀、鎂）
紅蘿蔔…30g	（β-胡蘿蔔素、鉀、茄紅素、維生素C）
青花菜…20g	（葉黃素、鞣花酸、蘿蔔硫素）
豆漿…50~100cc	（大豆異黃酮）
味噌…少許	（卵磷脂、穀氨酸、維生素B、E、膽鹼、鉬、鈉）
水…100cc	

作　法

❶ 鮭魚烤熟後去骨、剝下魚肉備用。

❷ 所有蔬菜全部切成狗狗容易吞嚥的大小，放入碗中以微波爐加熱至熟。

❸ 鍋中放入步驟❶、❷的全部食材，加入水及豆漿煮滾，最後加入味噌調味即可。

抗癌重點

味噌有助於排出累積在肝臟裡的致癌物質，鮭魚裡含量豐富的蝦青素等抗氧化物質，有利於擊退活性氧。

凍豆腐燉羊肉

材　料	抗癌營養素
羊肉…薄片2～4片	（左旋肉鹼、維生素B12）
凍豆腐（小塊）…4個	（大豆異黃酮、鈣、大豆皂素）
豌豆仁…15g	（鉀）
南瓜…20g	（β-胡蘿蔔素、維生素B1、B2、C、E、多酚、神經節苷脂）
舞菇…15g	（β-葡聚醣）
橄欖油…2小匙	（油酸、維生素E）

作　法

❶ 凍豆腐、羊肉及蔬菜切成狗狗容易吞嚥的大小。

❷ 橄欖油倒入鍋中加熱，加入步驟❶的食材輕輕拌炒，加水淹過食材燜煮。

❸ 煮至水略收乾後，即可盛起。

※以上分量均以重量10kg之狗狗的一餐進食量而制定。

抗癌重點

羊肉獨特的氣味能刺激食慾，凍豆腐中含有大豆異黃酮，以及黃綠色蔬菜中的抗氧化物質，都有助於排除狗狗的致癌原因。

抗癌重點

貝類含有豐富的牛磺酸，具有抑制致癌物質的作用，因此蛤蜊肉與湯汁都要一起餵食。

蛤蜊柳川風蕎麥麵

材料

蛤蜊肉…2大匙
蛋…1個
鴻禧菇…15g
牛蒡…15g
蘆筍…20g
蕎麥麵（已煮熟）…50g
柴魚片…少許
水…100cc

抗癌營養素

（牛磺酸）
（卵磷脂、唾液酸、維生素A、B₂、B₁₂）
（β-葡聚醣）
（菊糖、綠原酸、木香烴內酯、過氧化物）
（天門冬胺酸、類黃酮、硒）
（蘆丁、多酚）
（EPA、DHA）

作法

❶ 煮熟的蕎麥麵及蔬菜切成狗狗容易吞嚥的大小，蕎麥麵盛入盤中備用。

❷ 將步驟❶的蔬菜、蛤蜊、柴魚片加水放入鍋中燜煮至熟透，再淋入攪拌好的蛋液煮熟。

❸ 將步驟❷的食材均勻鋪在蕎麥麵上即可。

促進愛犬食慾的小巧思

增加胃口的烹調方法

烤雞腿

建議餵食理由

烤肉的香味能引發狗狗的食慾，在食品衛生方面也比生肉更值得推薦。

炒肉片

建議餵食理由

當狗狗食慾低下時，不妨偶爾做一道香味四溢的料理，肉片的香味能夠幫助喚起食慾！

烤魚

建議餵食理由

比起吃肉，有些狗狗更喜歡吃魚，一聞到濃郁的烤魚香味，就會胃口大開！

香鬆

建議餵食理由

要是餐點本身沒什麼特殊香味，可以在食材上面撒些香鬆提高食慾，狗狗聞到香鬆的氣味就會被吸引過來。

山藥泥

建議餵食理由

和人類一樣,當山藥的黏液接觸到皮膚時會有點癢,狗狗吃進嘴巴時雖然也會有這種狀況,但是幫助吞嚥的效果極佳。

鮪魚肉泥

建議餵食理由

當愛犬在口腔長出腫瘤而不易進食、吞嚥困難時,餵食魚肉泥能夠輕鬆補給愛犬所需的基本營養。

蛋黃

建議餵食理由

蛋黃容易吞嚥,營養價值又高,建議可以做成像炒蛋一樣的料理,經過加熱烹調後再餵食。

香蕉

建議餵食理由

含有豐富醣類和維生素B的香蕉,幾乎不需要咀嚼即可吞食,是狗狗飲食量受限制時的重要食材。

Dr.須崎 飲食建議

持續餵食,讓狗狗擁有對抗癌症的戰鬥力

　　當狗狗出現欠缺食慾或是吞嚥困難等情況時,仍舊要想辦法讓牠攝取熱量以補充體力,如果體重一直減輕下去,身體對抗病魔的能力就會降低。當狗狗的體型明顯消瘦,一定要多補充魚或肉等食材,肉類的香氣不僅可以幫助喚起食慾,也是很好的蛋白質來源。建議用燉煮的方式來烹飪,讓肉質變得軟爛容易入口,或是搗成肉末混入食材裡面,如此一來狗狗不需咀嚼就可以順利吞嚥。

Dr.須崎 諮詢時間

狗狗的癌症飲食

Q&A

戰勝癌症的萬能食材

Q 是否真的有可以戰勝癌症的「萬能食材」？

 A 請參考具有抗癌效果的食材「抗癌食物金字塔」！

多攝取富含「抗氧化物質」的食材，是對抗癌細胞的祕訣。

　　想要戰勝癌症，重點在於使「身體可以用自體白血球處理癌細胞」的能力恢復到正常狀態。如何讓白血球提高處理能力呢？最能發揮效果的就是植物裡的「抗氧化物質」。

　　抗氧化物質同時也可抑制遺傳基因受損。抗氧化物質分為很多種類，其中最有效的就是植物所含有的「植物生化素」。右頁的抗癌食物金字塔詳列出含有豐富植物生化素、可支援白血球戰鬥力的食材一覽表，越接近金字塔圖上端的食材，抗癌效果越好。但是，建議要從多種食物均衡攝取，而不是只單吃其中一種。就像本書介紹的食譜一樣，將各種蔬菜、肉、魚類等食材一起烹調，才是最佳的攝取方式。

　　蔥與洋蔥雖然是優秀的抗癌食品，但有的狗狗不能吃這兩樣食物，切記不可拿來餵食（在右圖中已刪除），大蒜只能添加少量（詳情參照P106），請務必小心注意。

抗癌食物金字塔

高

重要性

高麗菜、
大蒜、大豆、
生薑
香芹科蔬菜
（紅蘿蔔、芹
菜、防風草根）

薑黃（鬱金）、
全粒小麥、亞麻籽、糙米
柑橘類
（柳橙、檸檬、葡萄柚）
茄科蔬菜
（番茄、茄子、青椒）
十字花科
（花椰菜、青花菜、高麗菜芽）

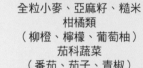

哈密瓜、羅勒、龍蒿、燕麥、奧勒岡、小黃瓜、
百里香、韭菜、迷迭香、鼠尾草、馬鈴薯、
大麥、莓果類

可增加白血球數量的蔬菜

①大蒜　②紫蘇葉　③生薑　④高麗菜

可提高細胞激素分泌能力的蔬菜

①高麗菜　②茄子　③白蘿蔔　④菠菜　⑤小黃瓜

可提高細胞激素分泌能力的水果

①香蕉　②西瓜　③鳳梨　④葡萄　⑤梨子

★ 此「抗癌食物金字塔（具有抗癌效果可能性的食材）」由美國國家癌症研究中心所研發。

Q 當狗狗出現畏寒現象時，有沒有什麼改善方法？

A 攝取能溫暖身體的食物，大幅提升免疫力！

讓血液與淋巴的循環變好，改善低體溫狀況。

食物中獲得的營養素與成分要送到必要的部位，必須透過血液運輸。因此，如果狗狗發生「低體溫」或「血液循環障礙」，無法把攝取到的食物養分輸送到所需要的器官，那麼好不容易吃進去的營養素就全白費了。

根據一項醫學報告指出，體溫每上升1度，就可以將免疫力提高到平常的5～6倍。建議使用以下方法提高狗狗的體溫：在飲食方面，利用根莖類與糙米等食材煮成雜燴粥，加熱到接近人體肌膚的溫度餵食；平時用熱毛巾輕敷狗狗的腰部，加上輕柔的按摩，都有助於提升體溫。

Q 殘留在體內的老廢物質，該如何幫助狗狗排出呢？

A 富含膳食纖維的蔬菜能排毒，發酵食品可讓腸道正常運作。

具黏性的食材與發酵食品，是強化腸道黏膜的最佳選擇！

腸道中存在著許多異物，例如細菌與化學物質等等，為了避免讓這些有害物質進入身體，我們需要讓大量白血球在腸道黏膜上守護著，必要的時候，白血球會攻擊這些有害物質。

要維持腸道黏膜的正常，最重要的就是「吃進了什麼」。腸子裡的食物會透過腸道黏膜吸收營養，因此要是持續著空腹的狀態，就無法維持黏膜的正常運作。為了強化愛犬的腸道健康，推薦飼主們可多餵食具有黏稠特性的食材（例如納豆），或是優格等發酵食品。

Q 有沒有針對某種癌症特別有效的食材？

 **A 坊間的抗癌研究僅供參考，
不要對這些資訊過於執著！**

各種抗癌資訊參考即可，
不能全盤迷信「吃某種食物」癌症就會好。

　　右頁表格是針對人類的抗癌飲食指南，即使它也可以當作狗狗飲食的參考，但由於現階段來說，研究的條件設定仍有困難，統計資料也不完全正確，往後仍必須進行大規模的調查研究，因此目前仍無法清楚劃分究竟是否「100%有效」或「完全無效」。

　　尤其是營養素的部分，由於食物經消化吸收後會透過血液運送到全身，如果只想要送達特定的臟器，對現況來說是有困難的。

　　不論是人還是狗，癌症發生的基本條件都是「調節細胞增殖的遺傳基因，因活性氧等破壞物質造成損傷，導致平常應可自行修復的傷害變成無法修復，所以形成癌症遺傳基因。」而消滅癌細胞的目的就在於恢復此一「自行修復的能力」。本書內容也參考了右頁的食物表格，但不論是哪一種抗癌食譜，都不會妨礙到其他癌症的抗癌效果。請注意，改變飲食對預防癌症的確有效，但只要「造成癌症的根本原因」依然存在，單純靠飲食療法是很難完全治癒的。

食物・營養・運動與預防癌症的關聯

⬇⬇⬇「確實」降低風險。　　⬇⬇「可能」降低風險。
⬆⬆⬆「確實」提升風險。　　⬆⬆「可能」提升風險。

口腔・下咽癌・喉癌
蔬菜※	⬇⬇
水果※	⬇⬇

※含有胡蘿蔔素的食物。

鼻咽癌
廣東風味鹹魚	⬆⬆

食道癌
蔬菜★	⬇⬇
水果★	⬇⬇
瑪黛茶	⬆⬆
肥胖	⬆⬆⬆

★含有β-胡蘿蔔素和維生素C的食物。

肺癌
水果※	⬇⬇
飲用水中的砷	⬆⬆⬆

※含有胡蘿蔔素的食物。

胰臟癌
含有葉酸的食物	⬇⬇
肥胖	⬆⬆⬆
腹部肥胖	⬆⬆

乳癌（停經前）
肥胖	⬆⬆
授乳（母親）	⬇⬇⬇

胃癌
蔬菜	⬇⬇
蔥屬蔬菜（蔥、洋蔥、大蒜等）	⬇⬇
水果	⬇⬇
鹽分・含鹽食品	⬆⬆

肝癌
黃麴毒素（黴菌毒素的一種）	⬆⬆⬆

大腸癌
含有膳食纖維的食物	⬇⬇
大蒜	⬇⬇
肉類	⬆⬆⬆
加工肉品	⬆⬆⬆
含大量鈣質的飲食◎	⬇⬇
運動	⬇⬇⬇
肥胖	⬆⬆⬆
腹部肥胖	⬆⬆⬆

◎針對大腸癌患者使用牛奶及營養輔助食品進行研究後所得到的結果。

膽囊癌
肥胖	⬆⬆

乳癌（停經後）
運動	⬇⬇
肥胖	⬆⬆⬆
腹部肥胖	⬆⬆

子宮癌
運動	⬇⬇
肥胖	⬆⬆⬆
腹部肥胖	⬆⬆

前列腺癌
含有茄紅素的食物	⬇⬇
含有硒的食物	⬇⬇
含大量鈣質的飲食	⬆⬆

腎臟癌
肥胖	⬆⬆⬆

皮膚癌
飲用水中的砷	⬆⬆

★出處：World Cancer Reasarch Fund/American Institute for Cancer Research. Food, Nutrition, Physical Activity, and the Prevention of Cancer: a Global Perspective. Washington DC: AICR, 2007: 370.

破解有關癌症的傳聞

Q 聽說吃白米飯會罹癌？

A 如果吃飯會罹癌，那所有吃飯的人不就都患有癌症了嗎？

此一說法毫無意義可言，因為血糖一直存在於身體裡。

這個謠言的消息來源，主要是根據「醣類（葡萄糖）和脂肪，都是一般細胞的熱量來源」的理論，在試管中進行的活體外實驗所得到的結果：「癌細胞無法把脂肪當作熱量來源，但能夠將葡萄糖當作熱量來源」。因此，有人解讀為「只要限制醣類攝取，就可以攻擊以醣類維生的癌細胞」。

的確，試管實驗是得到這個結果沒錯，而且癌細胞比正常細胞更活躍，也因為它會攝取3～8倍的葡萄糖，所以目前也利用這種特徵來找出攝取大量葡萄糖的細胞，並實際運用在癌症篩檢（PET檢查）上。

所以，可能有人會由此斷定：只要不吃白飯（葡萄糖），就可以殺死癌細胞或不會罹癌；相反地，若多吃白飯就會罹癌。但是，身體的結構是會盡量「維持固定血糖值」的，即使限制白飯食用，血糖也會存在著，癌細胞還是可以任意攝取到葡萄糖，所以特別控制白飯的攝取，完全沒有意義。

Q 攝取大量含有抗癌效果的營養輔助食品，
會比吃一般食物更有效嗎？

 A 透過日常飲食攝取各種成分，
才是長久之道。

任何營養素都要適度補充，
是維持狗狗健康的重點。

在一項很有名的人體調查報告裡指出，針對吸菸者進行預防肺癌的實驗中，將吸菸者分成兩組，一組給予大量的抗氧化物質 β-胡蘿蔔素的營養輔助食品，另一組則維持原樣，結果顯示吃大量營養輔助食品的組別死亡率提昇。另一方面，在心血管的實驗中，也得到了「服用營養輔助食品後結果較差」的報告。

如果說，少量食用可以得到不錯的結果，大量攝取不是更好嗎？這只是一般的推測，但事實上並非如此。因為人類和動物的身體結構非常複雜，結論並不會如此單純。

然而，像這種「某種營養素對癌症造成的影響」方面，有明確效果的成分其實很少，目前的狀況不是正在調查，就是以個案進行實驗中。所以，積極攝取從天然食材而來的各種營養素，才是最安全又有效的做法。

即使給狗狗喝自來水也沒關係嗎？

 請依照居住地區的水質而定。

只要是飼主自己也能接受的水質，
給狗狗喝也沒問題。

　　有件事要先在這裡聲明：如果您開始連給狗狗喝的「水質」都很在意的話，很可能你已經擔心太多事了！身為一個獸醫師，我遇過各式各樣的飼主，由過往的經驗可以得到以下結論：如果飼主開始在意水質狀況，或許接下來的生活會愈來愈煎熬。

　　關於飲用水，我的老家山形縣就在水源地的附近，打開水龍頭就有美味的水，所以直接生飲即可。然而，有些地區不是離水源地太遠，就是因為管線與水質的問題，給狗狗直接生飲自來水可能不太理想。此外，有些設施供應的水喝起來會有奇怪的味道，想多喝水卻又喝得心驚膽跳……等類似情況的飼主我也曾碰到。

　　最近也有不少人因為對水質產生疑慮，而在家裡安裝了淨水器，如果飼主真的擔心，只要定時更換濾心即可。另外，使用濾水器、濾水壺或者直接購買礦泉水也是不錯的方法。

Q 聽說具抗癌效果的菇類當中，以舞菇含有的
「舞菇多醣體」的效果特別好？

A 「舞菇多醣體」並不是營養素，
而是 β-葡聚醣的群組名稱。

「舞菇多醣體（D-fraction）」是含有
豐富 β-葡聚醣的舞菇成分之一。

從基礎營養學來說，多醣體（由多種單醣組合成的分子）在消化器官裡，會被分解成單醣體，然後被血液所吸收。不論是哪種營養素，分子太大就無法直接被身體所利用，因此會被分解成較小的分子，才能被吸收、利用，進而在體內組成必要成分。β-葡聚醣屬於多醣體，因此無法直接被血液吸收，必須先分解成分子較小的單醣體。

可是，根據研究報告指出，要是攝取了無法被吸收的 β-葡聚醣，會使腫瘤組織產生變化。不過，β-葡聚醣並沒有直接抗癌的效果，而是對腸道裡的細菌發生作用，也就是給予分泌腸道細菌的物質增加一些刺激，再藉由其他機制產生反應，詳細狀況還有待今後進一步的研究。

「舞菇多醣體」就是由於擁有此種抑制癌症的效果而受到肯定，漸漸地便聲名大噪，但事實上，並沒有真的叫做「舞菇多醣體」這個名稱的營養素，也沒有非得食用舞菇不可，只要在日常飲食裡多攝取含有 β-葡聚醣的菇類，就能得到同樣的效果。

大蒜的抗癌效果很高，但因為是蔥屬類，所以不能餵狗狗吃嗎？

 # 所有東西都可能是毒，是毒還是藥，取決於分量。

將「聽說」的事情照單全收，就會持續產生誤解。

「聽說大蒜對狗狗有害，毒性比洋蔥還要強。所以，不敢相信有人竟然會餵狗狗吃大蒜！」常常會聽到這樣的說法，久而久之大家竟然也就深信不疑。

我們獸醫在大學時都有修過「動物毒理學」這門課，正如毒理學之父帕拉賽瑟斯（Paracelsus）說過：「所有的物質都有毒，無毒物質並不存在於這個世界上，是毒還是藥，最大的區別就在於使用量。」所以說，答案不是「YES」或「NO」，而是「攝取的量」。

以洋蔥為例，有個參考指標是每15～30g/kg（狗狗的體重）就會發生問題。根據報告指出，換成大蒜的話，若達到上述指標的五分之一就可能會有狀況，也就是說，體重10公斤左右的狗狗，餵食超過30克的大蒜就不太適合。一瓣大蒜大約10克，如果是體重10公斤的狗，餵食一瓣就不會有什麼問題。當然，每隻狗狗的體質都不同，偶爾也會發現特殊案例的狀況。

Q 聽說吃了肉、蛋、魚及乳製品後，會使狗狗的癌症病情惡化？

 A 請搭配膳食纖維一起攝取，以維持排便良好的狀態。

單一食物不吃過量，
是健康飲食的祕訣。

　　會有這方面的顧慮，或許是因為「大量攝取動物性食材，會增加腸內的壞菌，可能會產生致癌物質或提高癌症發生的可能性，因此為了減少致癌因素，最好減少動物性食材。」的資訊而來。當這種觀念走向極端時，有人就會朝著「完全的素食主義」目標發展。於是，就會連結到「只要吃到一點點的動物性食材，癌症就會惡化」的誤解。

　　然而，這是指「只吃肉，完全不吃別的食材」才會發生的狀況。意思是說，當腸內的糞便停留時間拉長，受到不良影響的可能性就會提高。因此，只要搭配別的食材，不要單獨過度攝取肉類即可。例如飲食上搭配攝取膳食纖維含量高的蔬菜以改善排便，並攝取發酵食物以增加腸道內的益菌，就可以避免問題發生。不過，還是要多觀察狗狗的飲食狀況，再隨機應變、選擇最適當的處理方式。

關於癌症的其他疑問

Q 一直餵食相同的健康食譜，對身體會比較好嗎？

A 如果是你，一直吃一樣的東西不會膩嗎？餵食時，重點在於食材的變換。

時時注意「均衡攝取營養」，是最棒的飲食原則。

「好不容易算好營養價值了，以後就只吃這道食譜，就可以攝取到完整的抗癌營養素！」或許有些飼主會有這樣的想法，但是只要提醒他們飲食的多樣性，幾乎所有的人都會恍然大悟：「原來如此，狗狗料理也需要做些變化啊！」

市售狗糧和手作料理最大的差別之一，在於「手作料理可每天變換食材，能多方嘗試並適度調整」。而市售狗糧的成分都是固定的，因此若持續攝取相同的東西，未來可能會出現營養過剩或營養缺乏症等負面的營養價值。

然而，手作料理可以像我們人類一樣，像是「昨天燒肉、今天蔬菜鍋、明天關東煮、後天青菜炒肉……」，每天變換不同的食材，也就能均衡攝取到各種營養素，優點是不會有某項營養素過剩的問題。因此，請不要千篇一律地餵食相同的食物，要像人類一樣嘗試各種不同食物、在食材上做些變化會比較好唷！當然，務必請先排除不可餵食的東西。

Q 該如何決定食材的品質？

 A 只要不挑選連自己都不想吃的劣質食材即可。

研究適合愛犬的食材，
飼主也會變得越來越健康。

在前面的飲用水問題有提到過，飼主如果過度執著飲食上的細節，那就會沒完沒了！飼主必須在某個程度上有「這樣就很好了」的妥協，並且接受這種情況。

個人認為，只要是飼主自己也願意吃的食材，就可以用來餵食愛犬，不必太過講究品質。或許也有很講究食材的飼主，堅持餵食「○○產的○○夢幻土雞，以○○法加工製成的○○肉」，如果使用高級食材會讓你感覺比較好，當然也無妨。但是，也有人認為「附近超市賣的食材就很不錯，就近採買就行了！」其實這樣的做法就很OK，而且我比較傾向於後者的想法。即使是別人推薦過的「優質食材」，長時間餵食的話，也可能會對某些飼主造成壓力，所以不是非得要這麼做。

不過，過去也曾發生過這樣的案例：「聽說糙米很好，所以從附近的商店買了糙米回來煮，結果飼主和狗狗都長了濕疹。如此說來，糙米好像對身體不太好吧？」對於這個案例，我的建議是「沒有這個說法，請換個商店購買即可。」總而言之，只要是自己可以接受的食材，就也可以給狗狗吃。

Q 進行飲食調養時，是不是也要禁止餵食零食？

 A 適當給予零食，
會讓愛犬更健康喔！

視狗狗的體型與身體狀況，
慎選零食即可。

要不要讓狗狗吃零食，這就跟人類一樣，要視當事人的生活方式而定。因為它既不是非吃不可的東西，就算沒有吃也無所謂。不過，在狗狗的成長發育期時，因為每次進入胃的食物量較少，加上成長期的熱量快速消耗，在兩餐之間肯定會有空腹的時候，因此建議讓狗狗吃點零食。

尤其當進食量很少的時候，只靠一天兩餐或一天一餐的飲食來補充能量，會讓狗狗消瘦而無法充分發揮戰鬥力，這時候，最好在正餐之間再餵牠們吃一些東西。

零食的食材可從本書的P26～30挑選，例如添加了蔬菜的漢堡肉、蒸地瓜，並請依照狗狗的實際狀況調整。P34以後的食譜，如果能在正餐之間餵食，而狗狗也可以接受的話，分多次餵食也沒有問題，讓愛犬以為自己在吃零食，就能順便兼顧維持體力的目的。

Q 一直餵狗狗吃愛犬防癌餐，就能治癒狗狗的病症嗎？

 A ## 如果罹癌的原因在於飲食，當然有機會治癒。

罹癌的原因未必是飲食！
最好告別「只要這樣，就能…」的想法。

　　我經常被人問到這類問題，但請大家務必要了解這一點：癌症是一種生活習慣病。假設致癌的根本原因是飲食，那麼只要改變飲食習慣，或許可解決問題。但是，罹癌通常還伴隨著睡眠不足、精神不安、肉體上的疲勞等各種因素，因此，「光靠飲食就能完全治癒癌症」這件事，基本上是不可能的。在探究罹癌的原因時，請仔細檢視生活中可能致癌的各種要素。

　　請視飲食療法為抗癌的方法之一，用樂觀的態度積極治療。不過，身體是由每天的飲食所打造出來的，雖說不能過度執著於飲食療法，但改變飲食確實能夠發揮出一定的效果。請飼主參考本書的食譜，抱著「我每天用心為狗狗製作餐點，就是要幫助狗狗增加抗癌免疫力！」的心態去執行。希望大家要注意，別因為狗狗不願意吃就感到氣餒，應給予正面的鼓勵，讓愛犬覺得用餐時間很快樂，並且在毫不勉強的狀況下進食。別忘了，飼主的笑容，也是提高愛犬免疫力不可或缺的要素喔！

後記

愛牠，就是懷抱希望繼續努力！

　　自從1999年開設動物醫院以來，我遇過許多愛犬被診斷為癌症、腫瘤的飼主，大多數飼主的諮詢內容不外乎「有什麼特效藥？」、「有哪些好的治療方法？」、「吃什麼營養素最好？效果最強？」每一位都看起來都憂心忡忡的樣子。

　　本書最想要傳達給各位飼主的訊息，主要針對以下這兩種情形。

　　第一，別執著於「什麼營養素、哪種成分對癌症最有效？」而是主人用心為狗狗親手做料理，而狗狗對主人的手作料理很捧場，因而狗狗「變得開心→減輕壓力→戰鬥力提昇」，這才是最重要的事情。

　　第二，即使毛小孩確診為罹癌、被宣告僅剩多少時間的壽命，也不見得已經沒有任何辦法能戰勝癌症，而且飼主還有其他可以努力之處，所以請不要沮喪、愁眉苦臉、輕易放棄治療，一定要懷抱希望繼續陪伴愛犬走下去。

　請別忘記，愛你的狗狗，就是無論如何都要一直努力到最後、傾盡全部心力積極治療，並給予愛犬最好的身心照護，以及用你那充滿著希望和愛心的雙手完成愛犬抗癌餐。

　如果感到挫折時，請回顧一下本書，或是活用下列的讀者專用電子雜誌（編註：此為日文網站），我們將會為努力奮鬥的飼主們加油。

　別忘了，你並不孤單！

↓↓↓

http://www.susaki.com/publish/book19.html
（請按最下面的按鍵，輸入姓名及電子郵件即可）

作者
須崎恭彥

●黑沼朋子／寵物食育協會認定上級指導士

《自然寵物照護沙龍シアン・シアン》http://profile.ameba.jp/shien-shien/

TEL: 045-904-2519

E-mail: tomoko.kuronuma@gmail.com

●安福義江／寵物食育協會認定上級指導士

FB粉絲頁：https://facebook.com/yoshie.anpuku

《Happy Garden》http://happygarden.jp/

TEL: 058-393-4055

E-mail: remember_to_write@yahoo.co.jp

●上住裕子／寵物食育協會認定上級指導士

《幸福餐桌犬貓餐》https://www.facebook.com/shiwasenotable

E-mail: infodogdog@gmail.com

●松本正治／寵物食育協會認定上級指導士

《パピネス》http://www.puppiness.net/

TEL: 045-262-1787

E-mail: info@puppiness.net

●関口きよみ／寵物食育協會認定指導士

《加勒比王子的華麗冒險》http://ameblo.jp/karubio-ji/

《伊豆與愛犬共宿的蘋果種子｜天然溫泉與愛犬樂園》http://www.izu-appleseed.com/

TEL: 0557-45-7599

●おおもりみさこ／寵物食育協會認定指導士

《犬膳貓膳本舖》http://inuzennekozen.wanchefshop.com/

E-mail: info@dil-se.org

●河村昌美／寵物食育協會認定指導士

《我們的美食～汪星人的手作餐食譜》http://ameblo.jp/oresamatachi/

《向陽的向日葵～迷你品重明＆康明～》http://ameblo.jp/chu-u

●ちゃぞののりこ／寵物食育協會認定指導士

《美容室Little☆Step 療癒照護沙龍》http://ameblo.jp/ac-nori/

TEL: 090-9868-5245

《手作工房Little☆Step》http:/ameblo.jp/sweet-little-step/

E-mail: dogspa.littlestep@gmail.com

●宮岸知子／寵物食育協會認定指導士

《サラノヒトサラ》http://doggydish.exblog.jp/

●上島弥生／寵物食育協會認定準指導士

《和日本一起過生活！！》http://ameblo.jp/nitteri-amaterasu/

●梧桐貴子／寵物食育協會認定準指導士

《犬貓手作餐～為了犬貓的健康與幸福著想～》http://ameblo.jp/nananyan77/

●紫藤晴已／寵物食育協會認定準指導士

《pas á pas》

TEL: 052-485-7558

〒451-0042 愛知県名古屋市西区那古野1-23-4

●夏目美江／寵物食育協會認定準指導士

《DEARDOG》http://www.trimming-deardog.com/

E-mail: info@trimming-deardog.com

●畑博美／寵物食育協會認定準指導士

《寵物褓姆Ha～Ta'n》http://petsitter.ha-tan.com/　https://www.facebook.com/hiromi.hata

TEL: 049-259-3353

E-mail: cky.mbnkm@ha-tan.com

●松岡麗子／寵物育協會認定準指導士

【Dog Café BALE】http://www.dogcafe-bale.com

《パグ日和　きなことひまわり》http://inugohan504.blog24.fc2.cim

《ホリスティックデリカラボ》http://www.holisticdelica-labo.com/

台灣廣廈 國際出版集團
Taiwan Mansion International Group

國家圖書館出版品預行編目（CIP）資料

狗狗這樣吃，癌細胞消失！：須崎博士的毛小孩防癌飲食指南，日本權威獸醫教你做出「戰勝癌症」的元氣愛犬餐／須崎恭彥作；鄭睿芝譯.
-- 二版. -- 新北市：瑞麗美人國際媒體出版：蘋果屋出版社有限公司發行, 2021.04
　面；　公分
ISBN 978-986-98240-7-1(平裝)
1.犬 2.寵物飼養 3.食譜

437.354　　　　　　　　　　　　　　　　　110002098

💗 瑞麗美人

狗狗這樣吃，癌細胞消失！
須崎博士的毛小孩防癌飲食指南，日本權威獸醫教你做出「戰勝癌症」的元氣愛犬餐

作　　者／須崎恭彥	編輯中心編輯長／張秀環
譯　　者／鄭睿芝	封面設計／林珈伃・內頁排版／菩薩蠻數位文化有限公司
	製版・印刷・裝訂／東豪・弼聖・秉成

行企研發中心總監／陳冠蒨　　　線上學習中心總監／陳冠蒨
媒體公關組／陳柔彣　　　　　　數位營運組／顏佑婷
綜合業務組／何欣穎　　　　　　企製開發組／江季珊、張哲剛

發　行　人／江媛珍
法律顧問／第一國際法律事務所 余淑杏律師・北辰著作權事務所 蕭雄淋律師
出　　版／瑞麗美人國際媒體
發　　行／蘋果屋出版社有限公司
　　　　　地址：新北市235中和區中山路二段359巷7號2樓
　　　　　電話：（886）2-2225-5777・傳真：（886）2-2225-8052

代理印務・全球總經銷／知遠文化事業有限公司
　　　　　地址：新北市222深坑區北深路三段155巷25號5樓
　　　　　電話：（886）2-2664-8800・傳真：（886）2-2664-8801
郵政劃撥／劃撥帳號：18836722
　　　　　劃撥戶名：知遠文化事業有限公司（※單次購書金額未達1000元，請另付70元郵資。）

■出版日期：2021年04月　　　■初版7刷：2024年04月
ISBN：978-986-98240-7-1　　版權所有，未經同意不得重製、轉載、翻印。

作者：權志娟
出版社：台灣廣廈
定價：399元

今天起，植物住我家

專為懶人&園藝新手設計！
頂尖景觀設計師教你用觀葉、多肉、水生植物佈置居家全圖解

植物，是最好的家飾品！
只要將綠色植物請進門，家中的氣氛立刻煥然一新！
120種植物×7大室內空間×3大佈置要點，
讓植物與生活完美結合，打造充滿綠意的夢想家居！

書中介紹哪些植物能可以和寵物和平共處、哪些植物具有毒性，
讓家有毛小孩的你更放心！

為毛小孩打造舒適生活空間！

全方位收納！家的鐵架活用術

多功能組合╳開放式設計，
高人氣收納師教你運用鐵架，打造高質感生活空間

「鐵架收納魔法師」Emi完整傳授——
從玄關、客廳、浴室、廚房到臥室都適用的鐵架收納術，
不只讓空間變清爽、更有高質感！

作者：Emi
出版社：台灣廣廈
定價：299元

陽台輕改造，小空間變大用途！

300張實境照！選建材╳挑家具╳做造景，
兼具美感與功能的10大類設計提案

陽台不只是晾衣服、擺鞋櫃的地方，
不起眼的空間也能發揮預料外的作用！
書房、會客室、臥室、親子遊戲間、寵物室……
10大類空間變身的設計創意點子 ╳ 300張改造實境圖片，
讓你輕鬆打造居家的百變舒適空間！

作者：理想・宅
出版社：台灣廣廈
定價：480元

跟毛小孩一起開心旅遊去！

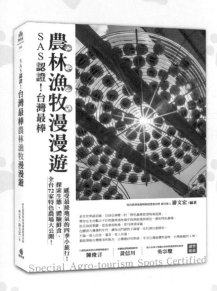

SAS認證！
台灣最棒「農林漁牧」漫漫遊
全台72家特色農場大公開，
探索生態、體驗鮮食、感受最接地氣的四季小旅行！

要玩就玩特色最強的，要去就去品質最好的！
第一本清楚說明「SAS 特色農業旅遊場域認證」的旅遊專書！
不只教你玩出CP值，更玩出台灣價值！

作者： 游文宏
出版社：蘋果屋
定價：420元

農村廚房尋味之旅

（附「農村廚房」中英文版精彩影片QR Code）

來去農場玩料理，探索讓人驕傲的寶島美味、
原味、鮮味、在地味與人情味，
看見台灣超ＩＮ農家軟實力！

你採過三星蔥嗎？你抱過鱘龍魚嗎？
你看過炭焙桂圓寮嗎？你吃過青黛冰淇淋嗎？……
「食材旅行」是一種主題旅遊，「農村廚房」是一種生活體驗。
當「全球在地化」成為一種趨勢，
「越在地，越國際」就變成一種顯學。

作者： 陳志東、許瓊文、游文宏
出版社：蘋果屋
定價：399元

寵物乾洗澡速潔露

一拭 即淨！

溫和 低敏

不用 " 水 " 也能洗得乾乾淨淨

☑ 抑制細菌滋生

☑ 消除頑固臭味、寵味

☑ 免沖洗，深層去除髒汙

☑ 使用後毛髮柔軟滑順不黏膩

☑ 100%安全無毒，舔舐也安心

滋潤
肌膚

溫和
清潔

抗菌
保護

毛髮
護理

瞬間
除臭

負擔好放心

廣告內容及設計，與原作者、日方出版社完全無關

天然胺基酸
清潔力佳、溫和不刺激

蠶絲蛋白
修補受損、柔亮毛髮

蘆薈萃取
保濕滋潤、鎮定舒緩

新款按壓蓋
單手使用好簡單

Moletech™
消臭抑菌配方

金縷梅萃取
調節油脂、分解臭源

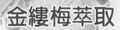

超越銀離子的新一代物理性科技突破
Moletech™ 長效型消臭抑菌配方

採用美國獨家授權MOLETECH™ 物理性抗菌消臭科技配方，是近年來物理化學和衛生科技的重大突破技術，其獨一無二的分子結構特性，可提供高達 **7種**不同的抗菌機制，能有效針對病原菌的新陳代謝（消化、呼吸）產生獨特的催化作用，使其自然死亡。

MOLETECH™ 物理性抗菌消臭科技配方中包含多種納米等級的天然礦石及美國 EPA公告的抗新冠病毒 (COVID-19)成份，可大幅降低病菌滋生傳播的可能性。

毛小孩
居家清潔第一品牌!!

洗毛精

洗淨身體

濕紙巾

擦淨身體

洗衣精

洗去皮屑

洗碗精

去除口水

除臭噴霧

根除尿味

地板清潔劑

地板抗菌

無酒精

抑菌防黴

分解尿臭味

臭味滾產品經過SGS認證並與學術單位做產學合作，測試產品的功效是否達到標準及產品的功效性、安全性，以嚴謹的態度為產品品質把關並公開我們的檢驗報告。我們會繼續秉持著專業的研發精神開創新的商品，並回饋於社會大眾，盡一個企業應有的社會責任。

歡迎來電洽詢
訂購電話:080-088-8829
FB:臭味滾寵物環境清潔專家
LINE：odout

拖地　除臭　洗碗　洗衣　擦拭　洗澡

	地板清潔劑	除臭/抑菌噴霧瓶	布類洗潔液	食器洗滌劑	尿漬去除劑	沛點炭
居家清潔	狗 貓	狗 貓	狗 貓	狗 貓		貓
	一拖三效，地板抑菌除臭一次完成。室內去味、環境清潔，寵物除臭好幫手；99%抑菌+5種防黴；經SGS、台美檢驗眼睛/皮膚無刺激反應	輕輕一噴30S快速消臭真正分解尿尿臭源無味純中性，避免傷害嗅覺辨別能力寵物除臭，室內去味好幫手	1.浸泡30分鐘，抑菌除臭簡單搞定2.純中性配方，洗後清新不刺激毛孩肌膚3.深入纖維，有效去除油脂臭味	1.小分子深入去除口水油脂2.無香精與柑橘類成分，不傷害毛孩嗅覺3.有效去除碗中殘留的壞菌，洗後不殘留	1.不具刺激性、不傷材質2.無添加香精、友善對待家中毛孩3.輕鬆解決布織品陳年污漬	貓砂輕鬆配點炭，各種貓砂都能持久抗臭。研發3重除臭技術，淨味配方7天抗臭！
	1000ml / $520；4000ml / $1520	500ml / $390；1L / $480；4L / $1440	1000ml / $420；4000ml / $1080	500ml / $320；4000ml / $1440	500ml / $320	80g / $100

	極細豆腐貓砂		洗毛精	乾洗粉	舒緩凝膠		抗菌濕紙巾
居家清潔	貓	**身體清潔**				**外出清潔**	狗 貓
	1.極細顆粒，凝結力更好用量更省2.100%可降解植物原料3.低粉塵、可沖馬桶。		100%無香精，不刺激寵物嗅覺添加柿子萃取物，延長除臭時間	100%無香精，添加柿子萃取物；適合不方便洗澡、受傷、年邁、年幼的毛孩	幫助皮膚健康並減輕搔癢，可達到溫和抑菌且中和異味的效果。-舔食無礙-		無香精、無酒精，避免多餘成份刺激負擔寵物濕紙巾推薦首選。
	7L (約2.8kg)/ $360		500ml / $360；4L / $1440	100g / $320	20ml / $200		50抽 / 包 / $89

營養美味的食物，
就是毛小孩最好的抗癌藥方！

讓狗狗吃對食物、擁有健全的免疫機能，就能殺死體內的癌細胞。
日本權威獸醫須崎恭彥，教你運用平價食材做出44道狗狗防癌料理，
詳解13種癌症的初期症狀、建議飲食與照護方式，
預防罹癌、防止腫瘤擴大、調理虛弱體質都有效，
幫助你陪伴生病的狗狗一起愉快生活，不再手足無措！

守護心愛毛小孩

瑞麗美人

台灣廣廈粉絲團